U0182281

高等职业教育课程改革系列教材

电子技术应用项目式教程

主　编　张　娟　侯立芬　耿升荣
副主编　段友莲　原　帅　侯丽芳　陈晓宝
参　编　齐巧梅　刘　平　刘志军
　　　　全瑞花　王艳超

机械工业出版社

本书遵循"以学生为主体，以能力为本位"的职教改革思路，结合"电子技术应用"课程特点，以实用的电子产品为载体，通过典型、可操作的项目以及大量的电路实验的形式，将理论知识、项目制作与调试检测有机结合起来，使知识内容更贴近岗位技能的需要。本书所选内容与现代科技的发展相结合，突出新技术、新工艺。

本书共分5个项目，主要内容包括直流稳压电源的设计与制作、简易助听器的设计与制作、红外线报警器的设计与制作、简易电梯呼叫系统的设计与制作和数字时钟电路的设计与制作。每个项目分为若干个任务，并配有项目剖析、项目目标、项目制作、项目小结、思考与练习等内容。本书内容由浅入深、循序渐进，学生通过学习制作实用电子产品，渐进式地理解和巩固知识点，可以逐步提高自身的电子技术实际应用能力。

本书可作为高职高专院校电子通信类、计算机类、机电类专业基础课程的教材，也可作为相关企业技术人员的培训参考用书。

为方便教学，本书有电子课件、思考与练习答案、模拟试卷及答案等辅助教学资源，凡选用本书作为授课教材的老师，均可通过电话（010-88379564）或QQ（2314073523）咨询，有任何技术问题也可通过以上方式联系。

图书在版编目（CIP）数据

电子技术应用项目式教程/张娟，侯立芬，耿升荣主编. —北京：机械工业出版社，2020.4（2025.1重印）
高等职业教育课程改革系列教材
ISBN 978-7-111-64872-7

Ⅰ.①电… Ⅱ.①张… ②侯… ③耿… Ⅲ.①电子技术—高等职业教育—教材 Ⅳ.①TN

中国版本图书馆CIP数据核字（2020）第032971号

机械工业出版社（北京市百万庄大街22号 邮政编码100037）
策划编辑：曲世海 责任编辑：曲世海 王 荣
责任校对：王明欣 封面设计：马精明
责任印制：常天培
固安县铭成印刷有限公司印刷
2025年1月第1版第5次印刷
184mm×260mm · 12.5印张 · 309千字
标准书号：ISBN 978-7-111-64872-7
定价：39.00元

电话服务　　　　　　　网络服务
客服电话：010-88361066　机　工　官　网：www.cmpbook.com
　　　　　010-88379833　机　工　官　博：weibo.com/cmp1952
　　　　　010-68326294　金　书　网：www.golden-book.com
封底无防伪标均为盗版　机工教育服务网：www.cmpedu.com

前　言

　　本书是根据高职教育的培养目标，以及后续课程对电子技术课程教学的基本要求，并结合现代电子技术系列课程的建设实际而编写的。本书在编写过程中本着"降低难度、培养能力、加强创新、突出应用"的原则，在"浅、用、新"上下功夫，为加强电子技术应用能力和创新意识培养做出努力。

　　本书全面贯彻习近平新时代中国特色社会主义思想和党的二十大精神，把人才强国目标、绿色低碳理念、可持续发展观等融入其中，全面落实立德树人根本任务。本书具有以下特点：

　　1）企业一线工程人员参与设计编写大纲，以缩小用人单位所需人才与学校培养人才之间的差距。

　　2）围绕专业培养目标，通过对目标岗位群的分析，逆推得到基于工作过程的内容，以真实的工作过程为依据，以真实产品为载体对传统学科体系的知识点、技能重新序化和重构。

　　3）将知识点融入项目中，采用基于工作过程的教学方式，使"教、学、做"一体化，完成工作任务和学习相关知识同步进行。在具备了一定的基础知识后，要求学生设计开发相应的项目，将所学的各个知识点有机地结合起来，以达到基本掌握整个知识面的目的。

　　4）项目的选取考虑了趣味性、实用性、典型性和可行性，通过电子产品的制作、检测和调试，培养学生的工程实践能力和创新意识。

　　5）为支持立体化教学，我们为本书精心策划了精品教学资料包和教学资源库，包括教学课件、教学动画、教学案例、教学参考、课后习题答案等，以支持网络化及多媒体等现代化教学方式。

　　本书由张娟、侯立芬和耿升荣担任主编，段友莲、原帅、侯丽芳和陈晓宝担任副主编，齐巧梅、烟台全颐达安防科技有限公司刘平、烟台东方威思顿电气有限公司刘志军、全瑞花和王艳超参编。张娟统筹策划全书并编写了项目1，侯立芬和段友莲编写了项目2，耿升荣、刘志军和侯丽芳编写了项目3，原帅和刘平编写了项目4，陈晓宝和齐巧梅编写了项目5。另外，段友莲参与了项目1的编写，全瑞花和王艳超负责全书内容的录入和校对。

　　本书在编写过程中得到了许多老师和企业专家的帮助，同时也借鉴了一些书籍，在此向各位老师、专家及有关资料的作者表示衷心感谢。

　　由于编者水平有限，书中难免有疏漏之处，敬请使用本书的教师同仁和同学们批评指正。

编　者

目　　录

项目1

直流稳压电源的设计与制作

项目剖析

　　随着电子技术的迅速发展，直流电源的应用非常广泛。各种电子设备和计算机等，都需要电压稳定的直流电源进行供电，才能正常工作。对于直流电源的获取，除了直接采用蓄电池、干电池或直流发电机外，还可以将电网提供的正弦交流电通过电路转换成直流电获取。常见的小功率直流稳压电源基本组成环节大致相同，一般由电源变压器、整流电路、滤波电路和稳压电路四个基本环节组成，其组成框图如图1-1所示。

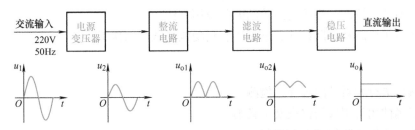

图 1-1　直流稳压电源组成框图

　　电源变压器的作用是把电网提供的220V交流电压变换成所需要的交流电压值；整流电路的作用是利用整流器件二极管把交流电变成方向不变但大小随时间变化的脉动直流电；滤波电路的作用是利用储能元件电容、电感线圈，把脉动直流电中的交流成分滤除，获得平滑的直流电；稳压电路的作用是克服电网电压、负载及温度变化所引起的输出电压的变化，提高输出直流电压的稳定性。

　　正负对称输出的三端稳压电源电路原理图如图1-2所示，本电路是由桥式整流、电容滤波、三端集成稳压器 LM7815 和 LM7915 组成的具有 ±15V 输出的直流稳压电源电路。

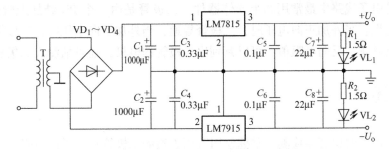

图 1-2　正负对称输出的三端稳压电源电路原理图

变压器 T 降压，一次绕组接交流 220V，二次绕组中间有抽头，为双 20V 输出，整流桥和电容 C_1、C_2 组成桥式整流电容滤波电路。在 C_3、C_4 两端有 24V 左右不稳定的直流电压，经三端集成稳压器稳压，在 LM7815 集成稳压器输出端有 +15V 的稳定直流电压，在 LM7915 集成稳压器的输出端有 −15V 的稳定直流电压。在输入端接 C_3、C_4，在输出端接 C_5、C_6 的目的是使稳压器在整个输入电压和输出电流变化范围内，提高稳压器的工作稳定性和改善瞬态响应。为了进一步减小输出电压的纹波，在输出端并联电解电容 C_7、C_8。VL_1、VL_2 是发光二极管，用作电源指示灯。

项目目标

本项目通过直流稳压电源的设计与制作，达到以下目标：

知识目标

1. 了解稳压电源的组成和主要性能指标。
2. 掌握直流稳压电源的电路分析与设计方法。
3. 掌握整流、滤波、稳压电路的功能及应用方法。
4. 熟悉电子产品从电路设计、电路组装到功能调试的制作工序。

技能目标

1. 能熟练进行元器件的选择、检测。
2. 能正确使用常用仪器仪表及工具书。
3. 能熟练进行电路的焊接与组装。
4. 能进行直流稳压电源的故障分析。

任务1.1　二极管的识别与选择

任务导入

二极管是电子线路中最常用的半导体器件，二极管是由一个 PN 结加上管壳封装而成，具有单向导电性：当外加正向电压时，二极管导通；当外加反向电压时，二极管截止。通过用万用表检测其正、反向电阻值，可以判别出二极管的电极，还可估测出二极管的好坏。

任务描述

通过对二极管的识别与检测，掌握使用万用表检测二极管正、反向电阻值，判断出二极管电极的方法；能估测出二极管的好坏，理解二极管的单向导电特性；能查阅电子元器件手册，正确选用二极管。

知识链接

1.1.1　半导体基本知识

自然界的所有物质按导电能力的不同，可分为导体、绝缘体和半导体三大类。半导体的导电能力介于导体和绝缘体之间。常用的半导体材料有硅、锗、砷化镓及很多金属氧化物和硫化物等。

在电子器件中，尤以硅和锗最为常见。硅和锗都是四价元素，其最外层原子轨道上有 4 个电子，称为价电子。每个原子的 4 个价电子不仅受自身原子核的束缚，还与周围相邻的 4 个原子发生联系：一方面围绕着自身的原子核运动；另一方面，时常出现在相邻原子所属的轨道上。这样，相邻的原子被共有的价电子联系在一起，称为共价键结构，如图 1-3 所示。

1. 本征半导体

纯净的不含任何杂质、晶体结构排列整齐的半导体称为本征半导体。本征半导体的最外层电子（称为价电子）除受到原子核吸引外，还受到共价键的束缚。在接近热力学温度 0K 时，每一个原子的外围电子被共价键束缚，不能自由移动。这样，本征半导体中虽有大量的价电子，但没有自由电子，因而它的导电能力差。

当温度升高或受光照射时，晶体结构中的少数价电子从外界获取一定的能量后，将会挣脱共价键的束缚成为自由电子，在原来共价键的相应位置留下一个空位。每个原子失去价电子后，变成带正电荷的离子。从等效观点来看，每个空位相当于带一个电子电荷量的正电荷，称之为空穴，如图 1-4 所示。这种产生自由电子和空穴对的现象，叫本征激发。在本征半导体中，自由电子和空穴成对出现，数目相同。温度越高，半导体材料中产生的电子–空穴对越多。

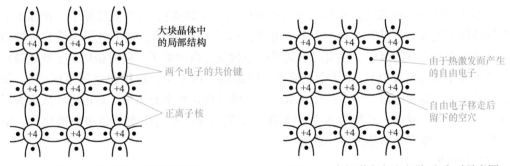

图 1-3　硅和锗的共价键结构　　　　　　图 1-4　本征激发产生电子–空穴对示意图

在半导体中，空穴也参与导电。其导电实质是在电场作用下相邻共价键中的价电子填补了空穴而产生新的空穴，新的空穴又被其相邻的价电子填补，这个过程持续下去，就相当于带正电荷的空穴在移动。由此可见，本征半导体中存在两种载流子：电子和空穴。在外电场作用下，两种载流子的运动方向相反，形成的电流方向相同。

在本征半导体中，自由电子与空穴是同时产生、数目相等的。自由电子在运动过程中若与空穴相遇，就会填补空穴，两种载流子将同时消失，这个过程叫作复合。在一定温度下，电子 – 空穴对在不断产生的同时，复合也在不停地进行，最终会处于一种平衡状态，使载流子的浓度一定。即在一定温度下，载流子的数目是一定的。温度升高时，浓度将增大，其导电性将增强；而当温度下降到热力学温度 0K 时，本征半导体成为绝缘体。

2. 半导体的特性

半导体在不同条件下的导电能力有显著的差异，具有以下三个特性：

（1）热敏性

外界环境温度升高时，半导体中价电子获得足够大的能量，挣脱共价键的束缚从而形成的电子-空穴对数目增多，导电能力也增强。利用半导体对温度十分敏感的特性，可以制成热敏电阻及其他热敏元件，用于自动控制电路中。

（2）光敏性

有些半导体受到光照射时，导电能力变得很强，无光照时，就像绝缘体一样不导电，这种特性称为光敏性。光照强度越强，半导体的导电性能越好。利用光敏性可制成光敏电阻、光电二极管、光电晶体管和光电池等光电器件。

（3）掺杂性

本征半导体的导电能力很差，但是在本征半导体中掺入微量杂质后，其导电能力可增加几十万倍甚至几百万倍。掺杂的浓度越高，导电性也就越强。因此，可以通过掺入不同种类和数量的杂质元素来制成二极管、晶体管等各种不同用途的半导体器件。

3. 杂质半导体

在本征半导体内部，自由电子和空穴总是成对出现的，因此，对外呈电中性。如果在本征半导体中，掺入微量的杂质元素，会使半导体的导电能力大大增强。根据掺入杂质的不同，可形成两种不同的杂质半导体，即 N 型半导体和 P 型半导体。

（1）N 型半导体

在本征半导体（硅或锗）中掺入少量的五价元素（如磷），每个五价原子与相邻 4 个四价半导体原子组成共价键时，有一个多余电子，如图 1-5a 所示。这个电子不受共价键的束缚，只受自身原子核的吸引，在室温下就可以被激发为自由电子，同时杂质原子变成带正电荷的离子（不能参与导电）。由于杂质原子可以提供自由电子，故称为"施主原子"。掺入多少杂质原子，就能电离产生多少个自由电子，因此在这种半导体中，自由电子数远大于空穴数，主要靠电子导电，故称为 N 型半导体。N 型半导体中自由电子是多数载流子，空穴是少数载流子。空穴是由热激发形成的。

（2）P 型半导体

在本征半导体（硅或锗）中掺入少量的三价元素（如硼），在掺杂过程中，每个三价原子与相邻的 4 个四价半导体原子组成共价键时，因其中一个共价键中缺少一个电子而产生一个空位。在室温或其他能量激发下，相邻共价键中的价电子就可能填补这些空位，使杂质原子变成带负电的离子，而在价电子原来所处位置上形成带正电的空穴，如图 1-5b 所示。由于杂质原子可以提供空位，接受自由电子，故称为"受主原子"。这种半导体主要是依靠空穴导电，故称为空穴型半导体或 P 型半导体。在 P 型半导体中，空穴为多数载流子，简称多子，因热激发等原因而形成的自由电子为少数载流子，简称少子。

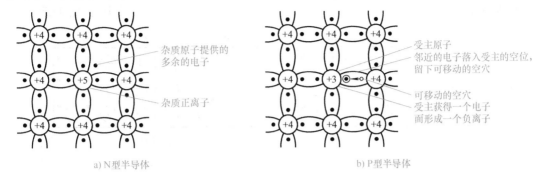

a) N型半导体　　　　　　　　　　　b) P型半导体

图1-5   掺杂半导体共价键结构示意图

必须指出：杂质离子虽然带电，但不能自由移动，因此它不是载流子；杂质半导体虽然有一种载流子占多数，但整个晶体仍呈电中性。

杂质半导体的导电性能主要取决于多子浓度，多子浓度主要取决于掺杂浓度，其值较大并且稳定，因此导电性可以得到显著改善。

4. PN结及其单向导电性

（1）PN结的形成

在一块完整的晶片上，通过掺杂工艺，使晶片一边为P型半导体，另一边为N型半导体。在交界面两侧，由于载流子浓度的差别，N区中的多数载流子自由电子向P区扩散，同时P区中的多数载流子空穴往N区扩散。当电子与空穴相遇时，将发生复合而消失，如图1-6所示。

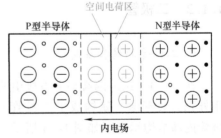

PN结

P区一侧因失去空穴而留下不能移动的负离子，N区一侧因失去电子而留下不能移动的正离子，这些离子被固定排列在半导体晶体的晶格中，不能自由运动，因此并不参与导电。复合的结果是在交界处两侧形成由不能移动的正、负两种杂质离子组成的空间电荷区。

由于空间电荷区的存在，在PN结内形成了一个由N区指向P区的内电场。内电场的产生对P区和

图1-6   PN结的形成

N区中的多数载流子的相互扩散运动起阻碍作用。同时，在内电场作用下，P区中的少数载流子电子和N区中的少数载流子空穴会越过交界面向对方区域运动。这种在内电场的作用下，少数载流子的运动称为漂移运动。漂移运动使空间电荷区重新变窄，削弱了内电场强度。最后，当扩散与漂移运动达到动态平衡时，形成一个稳定的空间电荷区，即PN结。

（2）PN结的单向导电性

PN结在无外加电压的情况下，扩散运动与漂移运动处于动态平衡状态，PN结宽度不变。如果在PN结两端加上不同极性的电压，则扩散与漂移运动的动态平衡就会被破坏。

1）PN结的正向偏置。在PN结两端外加电压，若P端接电源正极，N端接电源负极，则称为正向偏置（简称正偏）。由于外加电源产生的外电场方向与PN结产生的内电场方向

相反，削弱了内电场，使 PN 结变窄，因此有利于两区多数载流子向对方扩散，形成正向电流。此时测得正向电流较大，PN 结呈现低电阻，称为 PN 结正向导通，如图 1-7a 所示。

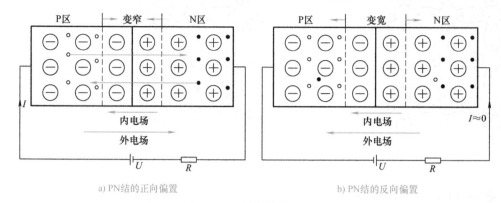

a) PN 结的正向偏置   b) PN 结的反向偏置

图 1-7　PN 结的单向导电性

2）PN 结的反向偏置。如图 1-7b 所示，PN 结的 P 端接电源负极，N 端接电源正极，称为反向偏置（简称反偏）。由于外加电源产生的外电场方向与内电场方向一致，因而加强了内电场，使 PN 结变宽，阻碍了多数载流子的扩散运动。在外电场的作用下，只有少数载流子形成了很小的电流，称为反向电流。此时测得电流近似为零，PN 结呈现高电阻，称为 PN 结反向截止。

应当指出，少数载流子是由于热激发产生的，因而 PN 结的反向电流受温度影响很大。

结论：PN 结具有单向导电性，即加正向电压时导通，正向电流很大；加反向电压时截止，反向电流很小。

1.1.2　二极管

1. 二极管的结构及符号

在一个 PN 结的两端加上电极引线并用外壳封装起来，就构成了二极管。二极管内部结构示意图如图 1-8a 所示。由 P 区引出的电极，称为二极管的正极（或阳极）；由 N 区引出的电极，称为二极管的负极（或阴极）。

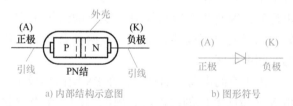

a) 内部结构示意图   b) 图形符号

图 1-8　二极管内部结构示意图及图形符号

二极管图形符号如图 1-8b 所示，箭头指向为正向导通电流方向，二极管的文字符号用 VD 表示。

二极管的种类很多。按结构工艺的不同，二极管有点接触型、面接触型和平面型三种。它们的结构示意图如图 1-9 所示。点接触型二极管 PN 结面积小，结电容小，允许通过的电流很小，适用于高频检波、变频、高频振荡等场合。面接触型二极管 PN 结面积大，结电容小，允许通过的电流较大，适用于工作频率较低的场合，一般用作整流器件。平面型 PN 结面积可大可小，主要用在高频整流和开关电路中。

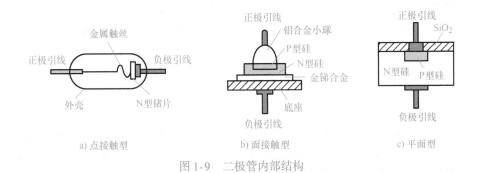

a) 点接触型　　　　　　　b) 面接触型　　　　　　　c) 平面型

图 1-9　二极管内部结构

按材料来分，最常用的有硅管和锗管两种。按用途来分，可分为整流二极管、稳压二极管、变容二极管、发光二极管、光电二极管等。按功率大小来分，可分为大功率二极管、中功率二极管、小功率二极管等。

2. 二极管的伏安特性

由于二极管的核心是一个 PN 结，它必然具有 PN 结的单向导电性。常利用伏安特性曲线来形象地描述二极管的单向导电性。二极管两端电压 U 和流过二极管电流 I 的关系，称为二极管的伏安特性。其伏安特性曲线如图 1-10 所示。

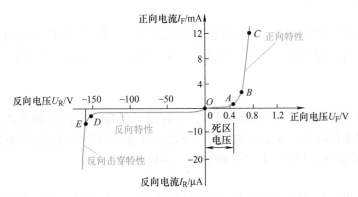

图 1-10　二极管伏安特性曲线

(1) 正向特性

所谓正向特性是指二极管正极接高电位、负极接低电位时的伏安特性，这时二极管所加的电压称为正向电压。

当二极管两端的正向电压较小时，流过二极管的电流几乎为零。这说明：较小的正向电压外电场还不能克服 PN 结内电场对多数载流子扩散运动的阻碍作用，二极管呈现高阻特性，基本上处于截止状态。人们把对应的这一部分区域称为死区，如图 1-10 中 OA 段所示。相应的 A 点的电压命名为死区电压 U_{th}，死区电压的大小与材料的类型有关，一般硅二极管为 0.5V，锗二极管为 0.1V。

当正向电压大于死区电压，随着正向电压的增加，正向电流逐渐增大。曲线陡直上升，电压稍增大，正向电流 I_F 显著增加。这一区间称为"正向导通区"，如图 1-10 中 BC 段所示。其中曲线 AB 段称为"缓冲带"。BC 段对应的二极管两端电压称为二极管的正向管压降

U_F，硅二极管 U_F 为 $0.6 \sim 0.8V$，一般取 $0.7V$，锗二极管 U_F 为 $0.2 \sim 0.3V$，通常取 $0.3V$。在这一区间，二极管正向管压降近似恒定。在实际使用中，二极管正向导通就是指工作在这一区间。

（2）反向特性

所谓反向特性是指二极管负极接高电位、正极接低电位时的伏安特性，这时二极管所加的电压称为反向电压。

二极管上加反向电压时，外电场与内电场方向一致，只有少数载流子的漂移运动形成反向电流，反向电流极小，且不随反向电压的变化而变化。这时，二极管呈现很高的反向电阻，处于截止状态，在电路中相当于开关处于关断状态，如图 1-10 中 OD 段所示。

二极管的反向电流越小，表明二极管的单向导电性越好。小功率硅管的反向电流为 $10^{-16} \sim 10^{-9}A$，小功率锗管的反向电流为 $10^{-8} \sim 10^{-6}A$。

（3）反向击穿特性

当由 D 点继续增加反向电压时，反向电流在 E 处急剧增大，这种现象称为二极管反向击穿，击穿时对应的电压称为反向击穿电压 U_{BR}。各类二极管的反向击穿电压大小各不相同。普通二极管、整流二极管等不允许反向击穿情况发生，因二极管反向击穿后，电流不加限制，会使二极管 PN 结过热而损坏。

3. 二极管的主要参数

电子元器件的参数表征了元器件的性能及使用条件，是合理选用和正确使用半导体器件的重要依据。二极管的参数可从半导体器件手册上查到，下面对二极管的常用参数做简要介绍。

（1）最大整流电流 I_{FM}

最大整流电流是指二极管长期运行时，允许通过的最大正向平均电流，由 PN 结的面积、材料和散热条件决定。在实际使用时，流过二极管的最大平均电流不得超过此值，否则 PN 结将因过热而损坏。使用大功率二极管时，一般要加散热片。

（2）最高反向工作电压 U_{RM}

最高反向工作电压是指允许加在二极管两端的反向电压的最大值，其值通常取二极管反向击穿电压的一半左右。实际使用时，二极管所承受的最大反向电压值不应超过 U_{RM}，以免二极管发生反向击穿。

（3）反向电流 I_R

反向电流 I_R 是指在室温下，二极管未击穿时的反向电流值，该值越小，二极管单向导电性能越好。反向电流随温度的变化而变化。

（4）最高工作频率 f_M

二极管的最高工作频率 f_M 是指二极管正常工作时的上限频率值。它的大小与 PN 结电容有关。超过此值，二极管的单向导电性能变差。

4. 二极管的识别

（1）二极管的型号命名

国产二极管的命名主要由五部分组成，见表 1-1。

表1-1   国产二极管的命名方法

第一部分	第二部分	第三部分	第四部分	第五部分
用阿拉伯数字表示器件的电极数目	用汉语拼音字母表示器件的材料和极性	用汉语拼音字母表示器件的类别	用阿拉伯数字表示登记顺序号	用汉语拼音字母表示规格号

国产半导体器件命名方法示例：

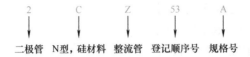

二极管   N型，硅材料   整流管   登记顺序号   规格号

二极管的规格、功能和制造材料一般可以通过管壳上的标志和查阅手册来判断。

（2）二极管极性判别和性能检测

1）观察外壳上的符号或色环标记。二极管的正、负极一般在其管壳上都注有识别标记，有的印有二极管图形符号，带有三角形箭头的一端为正极，另一端是负极。对于玻璃或塑料封装外壳的二极管，有色点或黑环的一端为负极。若二极管是同端引出，有的在负极处有明显的标记，有的带定位标。判别时，观察者面对管底，由定位销起，按顺时针方向，引出线依次为正极和负极。二极管管脚极性判别如图1-11所示。

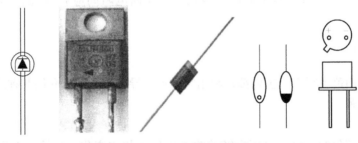

图1-11   二极管管脚极性判别

2）万用表检测普通二极管的极性和质量优劣。用指针式万用表判别二极管极性如图1-12所示，根据二极管正向电阻小、反向电阻大的特点，用万用表的 $R \times 100$ 或 $R \times 1k$

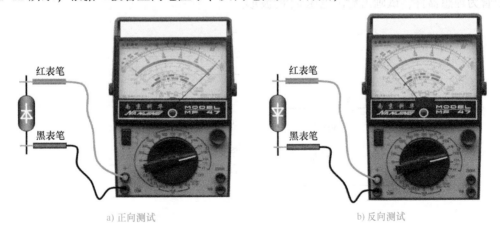

a) 正向测试   b) 反向测试

图1-12   用指针式万用表判别二极管极性

档测量二极管的正、反向电阻。若两次阻值相差很大，说明该二极管性能良好。并根据测量电阻小的那次的表笔接法，判断出与黑表笔连接的是二极管的正极，与红表笔连接的是二极管的负极。如果两次测量的阻值都很小，说明二极管已经击穿或短路；如果两次测量的阻值都很大或接近无穷大，说明二极管内部已经开路。

用数字式万用表测量时，如图 1-13 所示，把万用表档位置于二极管档，表笔分别接二极管两管脚，若数字式万用表显示屏显示"200～2000"数字时，说明二极管正向导通，显示数字为二极管正向压降（单位为 mV），此时红表笔所接为正极，黑表笔所接为负极；若显示为"1"，说明二极管反向偏置，处于截止状态，红表笔所接为负极，黑表笔所接为正极。

a) 正向测试　　　　　　　　　b) 反向测试

图 1-13　用数字式万用表判别二极管极性

此外，由于二极管是非线性器件，用不同倍率的电阻档或不同灵敏度的万用表进行测量时，所得数据是不同的，但是正、反向电阻间应相差几百倍这一原则是不变的。

5. 二极管的应用

二极管的应用范围很广，主要都是利用它的单向导电性。下面介绍几种应用电路。

（1）限幅电路

在电子电路中，为了限制输出电压的幅度，常利用二极管构成限幅电路。当输入信号电压在一定范围内变化时，输出电压也随着输入电压做相应变化；当输入电压高于某一数值时，输出电压保持不变，这就是限幅电路。

【例 1.1】　在如图 1-14 所示的电路中，已知输入电压 $u_i = 10\sin\omega t\ \mathrm{V}$，电源电压 $U_S = 5\mathrm{V}$，二极管为理想器件，试画出输出电压 u_o 的波形。

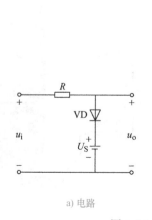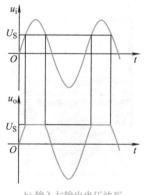

a) 电路　　　　　　　　　　b) 输入与输出电压波形

图 1-14　限幅电路

解：根据二极管的单向导电特性可知：

当 $u_i \leqslant 5V$ 时，二极管 VD 截止，相当于开路，电路中电流为零，$u_R = 0V$，$u_o = u_i$。

当 $u_i > 5V$ 时，二极管 VD 导通，理想二极管导通时正向压降为零，$u_o = U_S$。

所以，在输出电压 u_o 的波形中，5V 以上的波形均被削去，输出电压被限制在 5V 以内，波形如图 1-14b 所示。在这里，二极管起限幅作用。

（2）钳位电路

将电路中某点电位值钳制在一个固定数值上，而不受负载变动影响的电路称为钳位电路。利用二极管的单向导电性在电路中可以起到钳位的作用，这种电路可组成二极管门电路，实现逻辑运算。

【例 1.2】 在如图 1-15 所示的电路中，二极管均为理想二极管，已知输入端 A 的电位 $V_A = 3V$，B 的电位 $V_B = 0V$，电阻 R 接 $-12V$ 电源，求输出端 F 的电位 V_F。

解：因为 $V_A > V_B$，所以二极管 VD_1 优先导通，则输出端 F 的电位为 $V_F = V_A = 3V$。当 VD_1 导通后，VD_2 上加的是反向电压，VD_2 因而截止。

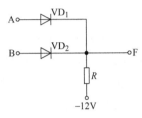

在这里，二极管 VD_1 起钳位作用，把 F 端的电位钳位在 3V；VD_2 起隔离作用，把输入端 B 和输出端 F 隔离开来。

图 1-15 钳位电路

1.1.3 特殊二极管

1. 稳压二极管

稳压二极管是一种特殊的面接触型二极管，由于它在电路中与适当数值的电阻串联后，在一定的电流变化范围内，其两端的电压相对稳定，故称为稳压管。

（1）稳压二极管的稳压原理

稳压二极管的文字符号用 VZ（或 VS）表示，图形符号和伏安特性曲线如图 1-16 所示，由图可知，稳压二极管的正向特性曲线与普通二极管相似，只是反向击穿特性曲线非常陡直。从反向特性曲线上可以看出，当反向电压增大到击穿电压时，反向电流急剧上升。此后，电流虽然在很大范围变化（$I_{Zmin} \sim I_{Zmax}$），但两端的电压变化 ΔU_Z 很小，可以认为稳压二极管两端的电压基本保持不变。可见，稳压二极管能稳定电压正是利用其反向击穿后电流剧变，而二极管两端的电压几乎不变的特性来实现的。

此外，由击穿转化为稳压，还有一个值得注意的条件，就是要适当限制通过稳压二极管内的反向电流。否则过大的反向电流，如超过 I_{Zmax}，将造成稳压二极管击穿后的永久性损坏（热击穿）。因此，在电路中应将稳压二极管串联适当阻值的限流电阻。

通过以上分析可知，稳压二极管若要实现稳压功能，则必须具备以下两个基本条件。

1）稳压二极管两端需加上一个大于其击穿电压的反向电压。

2）采取适当措施限制击穿后的反向电流值。例如，将稳压二极管与一个适当的电阻串联后，再反向接入电路中，使反向电流和功率损耗均不超过其允许值。

（2）稳压二极管的主要参数

1）稳定电压 U_Z。U_Z 指稳压二极管在正常工作状态下稳压管两端的电压值。由于半导

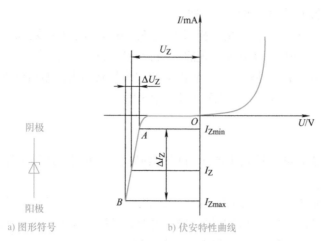

a) 图形符号　　　　　　　　b) 伏安特性曲线

图 1-16　稳压二极管的图形符号和伏安特性曲线

体器件参数的离散性，同一型号的稳压二极管的 U_Z 值也不相同，使用时应在规定测试电流下测量出每只稳压二极管的稳压值。但就某一只稳压二极管而言，U_Z 应为确定值。

2）动态内阻 r_Z。r_Z 指在稳压范围内，稳压二极管两端电压变化量 ΔU_Z 与对应电流变化量 ΔI_Z 之比，即 $r_Z = \Delta U_Z / \Delta I_Z$。它是衡量稳压性能好坏的指标，$r_Z$ 越小，说明稳压二极管的反向击穿特性曲线越陡，稳压性能越好。一般 r_Z 值很小，为几欧到几十欧。

3）稳定电流 I_Z。稳定电流也称为最小稳压电流 I_{Zmin}，即保证稳压二极管具有正常稳压性能的最小工作电流。稳压二极管的工作电流低于此值时，稳压效果差或不能稳压。

4）最大耗散功率 P_{ZM} 和最大工作电流 I_{ZM}。P_{ZM} 为稳压二极管所允许的最大功耗，I_{ZM} 为稳压二极管允许流过的最大工作电流。超过 P_{ZM} 或 I_{ZM} 时，稳压二极管将因温度过高而损坏。

$$P_{ZM} = U_Z I_{ZM} \tag{1-1}$$

稳压二极管的极性检测及好坏判别与普通二极管的相同。另外，稳压二极管两端需接大于其击穿电压的反向电压。如果接反，稳压二极管工作于正向导通状态，如图 1-16b 的正向特性曲线所示，此时相当于普通二极管正向导通的情况，无法起到稳压的作用。

2. 发光二极管

（1）发光二极管的特性

发光二极管是一种能将电能转换成光能的半导体显示器件，简称 LED。制作发光二极管的半导体中杂质浓度很高，当对管子加正向电压时，多数载流子的扩散运动加强，大量的电子和空穴在空间电荷区复合时释放出的能量大部分转换为光能，从而使发光二极管发光，并可根据不同的化合物材料，发出不同颜色的光。

发光二极管的外形封装、图形符号、伏安特性曲线如图 1-17 所示。发光二极管正常工作时应正向偏置。发光二极管的开启电压通常称为正向电压，它的大小取决于制作材料。不同的半导体材料及工艺使发光二极管的颜色、波长、亮度、正向管压降、光功率均不相同。其正向导通（开启）工作电压高于普通二极管，正向压降为 1.5 ~ 2.5V，正向电流一般为几毫安至十几毫安。外加正向电压越大，发光越亮，**但使用中应注意**，外加正向电压不能使发光二极管超过其最大工作电流，使用时需要串联合适的限流电阻，以免烧坏发光二极管。

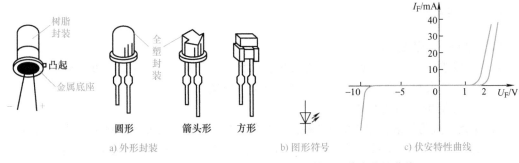

图1-17　发光二极管的外形封装、图形符号、伏安特性曲线

（2）发光二极管的主要参数

发光二极管的主要参数有：

1）最大工作电流 I_{FM}。它是指发光二极管长期工作时，所允许通过的最大电流。

2）正向管压降 U_F。它是指通过一定正向电流时，发光二极管两端产生的正向电压。

3）正常工作电流 I_F。它是指发光二极管两端加上规定正向电压时，发光二极管的正向电流。

4）反向电流 I_R。它是指发光二极管两端加上规定反向电压时，发光二极管内的反向电流，该电流又称反向漏电流。

5）发光强度 I_V。它是表示发光二极管亮度大小的参数，其值为通过规定电流时，其管芯垂直方向上单位面积所通过的光通量，单位为 mcd。

3. 光电二极管

光电二极管是一种将光信号转换为电信号的半导体器件，广泛应用于各种遥控系统、光电开关、光探测器等方面，其结构及符号如图 1-18 所示。光电二极管与普通二极管相比，PN 结面积较大，管壳上开有嵌着玻璃的窗口，以便于光线射入。

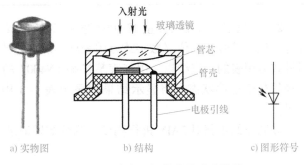

图1-18　光电二极管的外形及符号

光电二极管的正常工作状态是反向偏置，当没有光照射时，反向电流很小（约为 $0.1\mu A$），称为暗电流。当有光照射时，部分价电子获得能量挣脱共价键的束缚成为电子-空穴对，在反向电压作用下，流过光电二极管的电流明显增大，称为光电流。如果在外电路上接上负载，负载上就获得了电信号，而且这个电信号随着光的变化而变化。

▌任务实施

1. 设备与器件

指针式万用表、数字式万用表，电工电子实验台，不同规格、类型二极管若干：1N4007、2AP9、2CW53、FG113003、2CU1B 等。

2. 任务实施过程

(1) 常用二极管的识别

观察二极管的外形，根据外壳标志或封装形状，区分两个管脚的正、负极性；根据二极管的型号，查阅资料，确定二极管的符号、类型与用途。

(2) 二极管的判别及检测

1）用指针式万用表测量1N4007整流二极管、2AP9检波二极管。将指针式万用表置于 $R \times 100$ 档，如图1-12a所示，首先假定1N4007的一端为正极，用两表笔分别接触1N4007的两管脚，测量电阻的大小，记录于表1-2中。如图1-12b所示，交换两表笔再次测量并记录测量结果。将指针式万用表置于 $R \times 1k$ 档，重复上述操作。以同样的步骤测试2AP9，测量结果记录于表1-2中。

表1-2　指针式万用表测试二极管的测试结果

二极管型号	万用表档位	正向电阻	反向电阻
1N4007	$R \times 100$		
	$R \times 1k$		
2AP9	$R \times 100$		
	$R \times 1k$		

2）用数字式万用表测量1N4007整流二极管、2AP9检波二极管。将数字式万用表置于标有二极管符号的档位（数字式万用表红、黑表笔的正负极性与指针式万用表相反）。根据指针式万用表的判定结果，用红表笔接触1N4007的正极，黑表笔接触1N4007的负极，即二极管处于正偏状态，将显示结果记录于表1-3中。交换两表笔，再次测量并记录测试结果。

以同样的步骤对2AP9进行测试，测试结果记录于表1-3中。

表1-3　数字式万用表测试二极管测试结果

二极管型号	二极管的状态	数字式万用表的显示结果
1N4007	正偏	
	反偏	
2AP9	正偏	
	反偏	

(3) 二极管单向导电性实验

按图1-19所示连接电路，观察小灯泡的亮灭情况并将实验结果填入下段文字。

当二极管的正极连接电源的＿＿＿＿＿极时，灯泡发光；当二极管的正极连接电源的＿＿＿＿极时，灯泡不发光。该现象说明二极管具有＿＿＿＿特性。

3. 任务考核

1）同型号的整流二极管用不同的档位测出来的电阻值＿＿＿＿＿＿（相同/不同），说明

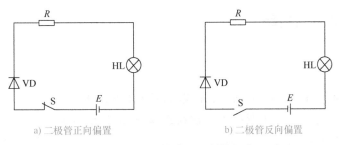

a) 二极管正向偏置　　　　　　　　b) 二极管反向偏置

图1-19　二极管单向导电性实验

二极管是_____（线性/非线性）器件。

2）观察表1-3的测试数据，无论是整流二极管还是检波二极管，在 $R \times 100$ 或者 $R \times 1k$ 档位，测量结果都是一次测得的电阻值_____，一次测得的电阻值_____。电阻小的那次二极管处于_____（导通/截止）状态；电阻大的那次二极管处于_____（导通/截止）状态。

3）用数字式万用表测量整流二极管，当所测的结果为"1"时，说明二极管处于_____状态，此时红表笔接二极管的_____极，黑表笔接二极管的_____极。

任务 1.2　　整流滤波电路的组装与测试

任务导入

能将大小和方向都随时间变化的交流电变换成单方向的脉动直流电的过程称为整流。利用二极管的单向导电性，就能组成整流电路。整流电路虽将交流电变为直流电，输出的却是脉动电压。这种大小变动的脉动电压，除了含有直流分量外，还含有不同频率的交流分量，这就远不能满足大多数电子设备对电源的要求。为了改善整流电压的脉动程度，提高其平滑性，在整流电路中都要加滤波电路。滤波电路利用电抗性元件对交直流阻抗的不同，实现滤波。

任务描述

整流电路

通过整流滤波电路的组装与调试，使学生掌握整流滤波电路的工作原理和输入、输出电压之间的关系；加深理解桥式整流电路、电容滤波电路的工作过程；会使用示波器观察电路波形及使用万用表测量相关数据。

知识链接

利用二极管的单向导电性可以将交流电转换为单向脉动的直流电，这一过程称为整流，这种电路就称为整流电路。常见的整流电路有半波、全波和桥式整流电路。

1.2.1 单相半波整流电路

1. 电路工作原理

单相半波整流电路如图 1-20 所示，由电源变压器 T、整流二极管 VD、负载 R_L 组成。已知变压器二次绕组交流电压为 $u_2 = \sqrt{2}\,U_2\sin\omega t$，其工作波形如图 1-21a 所示。

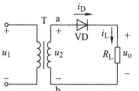

图 1-20 单相半波整流电路

在 u_2 的正半周，二次绕组电压瞬时极性上端 a 点为正、下端 b 点为负，二极管 VD 正偏导通。二极管和负载上有电流流过，方向如图 1-20 所示。若忽略二极管的正向导通压降，则 $u_o = u_2$。

在 u_2 的负半周，二次绕组电压瞬时极性上端 a 点为负、下端 b 点为正，二极管 VD 反偏截止，R_L 上电压为零，则 $u_o = 0$，二极管上反偏电压 $u_D = u_2$。

负载 R_L 上电压和电流波形如图 1-21b、c 所示。该电路只利用了电源电压 u_2 的半个周期，故称为半波整流电路。该电路在负载上得到如图 1-21 所示的单相脉动直流电压、电流。

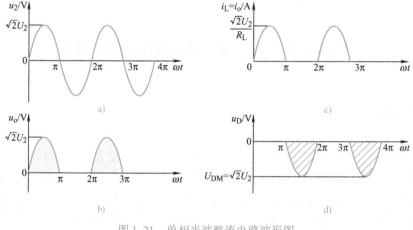

图 1-21 单相半波整流电路波形图

2. 负载上直流电压和电流的计算

负载上的直流输出电压是指一个周期内脉动电压的平均值。**单相半波整流电压平均值为**

$$U_{o(AV)} = \frac{1}{2\pi}\int_0^\pi \sqrt{2}\,U_2\sin\omega t\, d(\omega t) \approx 0.45 U_2 \tag{1-2}$$

流过负载的直流电流平均值为

$$I_{o(AV)} = U_{o(AV)}/R_L = 0.45\frac{U_2}{R_L} \tag{1-3}$$

3. 整流二极管的选择

半波整流电路流经二极管的电流 i_D 与负载电流 i_L 相等，在选择二极管时，二极管的最大整流电流 $I_{FM} \geqslant I_D$，即

$$I_{FM} \geq I_D = I_o = 0.45U_2/R_L \tag{1-4}$$

由图 1-21d 可见，当二极管反向截止时所承受的最高反向电压 U_{DM} 就是变压器二次绕组交流电压 u_2 的峰值电压，故要求二极管的最大反向工作电压为

$$U_{RM} \geq U_{DM} = \sqrt{2}U_2 \tag{1-5}$$

实际工作中，应根据 I_{FM} 和 U_{RM} 的大小选择二极管。为保证二极管可靠工作，在选择元器件参数时应留有裕量，使工作参数略大于计算值。单相半波整流电路虽然结构简单，但效率低，输出电压脉动大，仅适用对直流输出电压平滑程度要求不高和功率较小的场合，因此很少单独用作直流电源。

1.2.2 单相桥式整流电路

单相桥式整流电路如图 1-22 所示，电路由 4 个整流二极管 VD_1 ~ VD_4 按电桥的形式连接而成。

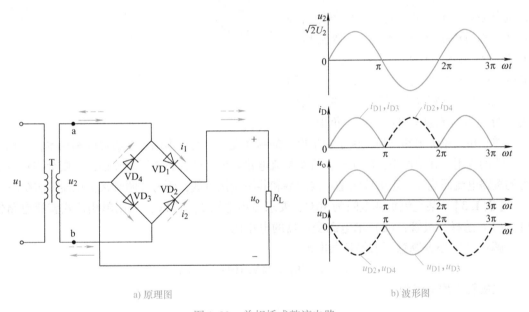

a) 原理图   b) 波形图

图 1-22 单相桥式整流电路

1. 电路工作原理

设电源变压器二次绕组电压 u_2 正半周时，瞬时极性上端 a 点为正，下端 b 点为负，二极管 VD_1、VD_3 正偏导通，VD_2、VD_4 反偏截止。导电回路为 a→VD_1→R_L→VD_3→b，负载上电压极性上正下负。负半周时，u_2 瞬时极性上端 a 点为负，下端 b 点为正，二极管 VD_1、VD_3 反偏截止，VD_2、VD_4 正偏导通，导电回路为 b→VD_2→R_L→VD_4→a，负载上电压极性同样为上正下负。单相桥式整流电路中 u_2、i_D、u_o、u_D 波形如图 1-22b 所示。

2. 负载上的电压、电流值

由此可见，VD_1、VD_3 与 VD_2、VD_4 轮流导通半个周期，但在整个周期内，负载 R_L 上均

有电流流过，并且始终是一个方向，所以输出电压的平均值 $U_{o(AV)}$ 和电流平均值 $I_{L(AV)}$ 为

$$U_{o(AV)} = 0.9U_2 \tag{1-6}$$

$$I_{L(AV)} = \frac{U_{o(AV)}}{R_L} = 0.9\frac{U_2}{R_L} \tag{1-7}$$

3. 整流二极管的选择

桥式整流电路中，4 个二极管分两次轮流导通，流经每个二极管的电流，为负载电流 $I_{L(AV)}$ 的一半，选择二极管时 $I_{FM} \geqslant I_D$，即

$$I_{FM} \geqslant I_D = \frac{1}{2}I_{L(AV)} = 0.45\frac{U_2}{R_L} \tag{1-8}$$

由图 1-22b 可见，二极管截止时最大反向电压 U_{DM} 等于 u_2 的最大值，即

$$U_{RM} \geqslant U_{DM} = \sqrt{2}U_2 \tag{1-9}$$

为了使用方便，实际应用中常将桥式整流电路的 4 个二极管制成一个整体封装起来，称为桥堆（整流桥堆）。整流桥堆如图 1-23 所示，有 4 个引脚，标注 "~" 的两个引脚外接交流电源，标注 "+" 和 "−" 的两个引脚（分别称共阳端、共阴端）分别为整流输出电压的正、负极。

图 1-23 整流桥堆

单相桥式整流电路不但减少了输出电压的脉动程度，而且提高了变压器的利用率，因而得到广泛的应用。在使用中，应注意：桥式整流电路 4 个二极管必须正确装接，否则会因形成很大的短路电流而烧毁。正确接法是：共阳端和共阴端接负载，而另外两端接变压器二次绕组。

【例 1.3】 某直流负载电阻为 10Ω，要求输出电压 $U_o = 24V$，采用单相桥式整流电路供电。（1）选择二极管；（2）求电源变压器的电压比。

解：（1）根据题意可求得负载电流

$$I_L = U_o/R_L = 24V/10\Omega = 2.4A$$

二极管平均电流为

$$I_D = \frac{1}{2}I_L = 1.2A$$

变压器二次电压有效值为

$$U_2 = U_{o(AV)}/0.9 = 24V/0.9 \approx 26.6V$$

在工程实际中，变压器二次侧的压降及二极管的导通压降，使变压器二次电压大约比理论计算值需提高 10%，即

$$U_2 = 1.1 \times 26.6V \approx 29.3V$$

二极管最大反向电压为

$$U_{RM} = \sqrt{2}U_2 = \sqrt{2} \times 29.3V \approx 41.4V$$

通过查阅手册知，选用 2CZ56 型，它的额定正向电流 $I_F = 3A$，根据最高反向工作电压查阅分档标志，选择 2CZ56C 型，$U_{RM} = 100V$ 留有裕量。

（2）变压器电压比 $\qquad n = 220V/29.3V \approx 8$

1.2.3　电容滤波电路

整流电路输出的脉动直流电中，含有较大的脉动成分。这种电压只能用于对输出电压平滑性要求不高的场合，如电镀、蓄电池充电设备等。用于要求较高的电子设备的电源中时，会引起严重的谐波干扰。因此，要获得平滑的输出电压，需滤去其中的交流成分，保留直流成分，这就是滤波。常用的滤波元件有电容和电感，滤波电路有电容滤波、电感滤波及 π 形滤波等多种形式。

1. 半波整流电容滤波电路

半波整流电容滤波电路如图 1-24 所示，它是利用电容两端的电压不能突变的特性，与负载并联，使负载得到较平滑的电压。

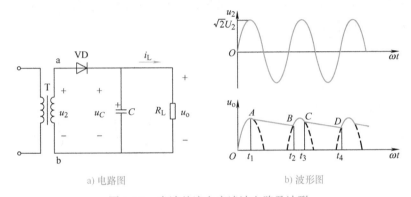

a) 电路图　　　　　　　　　b) 波形图

图 1-24　半波整流电容滤波电路及波形

设滤波电容 C 初始电压值为零，当 u_2 由零逐渐上升，在 $0 \sim t_1$ 期间，二极管 VD 正偏而导通，电流分成两路，一路流经负载 R_L，另一路对电容进行充电。忽略二极管导通压降，则 $u_C = u_o \approx u_2$，u_o 随电源电压 u_2 同步上升。由于充电时间常数很小，所以充电很快。在 t_2 时刻，u_C 达到 u_2 的峰值 $\sqrt{2}\,U_2$。之后 u_2 开始下降，其值小于电容电压。此时，二极管 VD 反偏截止，电容 C 经负载 R_L 放电，u_C 开始下降，由于放电时间常数很大，放电速度很慢，可持续到第二个周期的正半周来到时。当 $u_2 > u_C$ 时，二极管又因正偏而导通，电容 C 再次被充电，重复第一个周期的过程。

综上所述，输出电压 u_o 也即电容 C 上电压 u_C 如图 1-24b 所示。在 $0 \sim t_1$ 期间，u_o 的波形为 OA 段，近似按输入电压上升；在 $t_1 \sim t_2$ 期间，u_o 波形自 A 向 B 缓慢下降；在 $t_2 \sim t_3$ 期间，u_o 波形又开始按输入电压迅速上升。如此不断重复，使 u_o 趋于平滑。

半波整流电容滤波电路输出的直流电压平均值为

$$U_{o(AV)} = (1 \sim 1.1)U_2 \tag{1-10}$$

流过二极管的平均电流为

$$I_{D(AV)} \approx \frac{U_2}{R_L} \tag{1-11}$$

由图 1-24 可知，在二极管截止时，变压器二次电压瞬时极性上端 a 点为负、下端 b 点为正，此时电容电压充至 $\sqrt{2}\,U_2$，极性为上正下负，因此二极管承受的最大反向电压为两电

压之和，选二极管时，一般有

$$U_{RM} \geq U_{DM} = 2\sqrt{2}\,U_2 \qquad (1-12)$$

此外，二极管的导通时间比不加滤波电容时短，流过二极管的瞬时电流很大，且滤波电容越大，冲击电流就越大。在选用二极管时，应考虑冲击电流对二极管的影响，一般选额定正向电流

$$I_F = (2 \sim 3)I_D \qquad (1-13)$$

2. 桥式整流电容滤波电路

桥式整流电容滤波电路如图 1-25 所示，设电容初始电压为零，接通电源时，u_2 由零开始上升，整流二极管 VD_1、VD_3 正偏导通，VD_2、VD_4 反偏截止，电源向负载 R_L 供电，同时向电容 C 充电。由于充电电路的电阻很小（变压器二次绕组的直流电阻和二极管的正向电阻均很小），电容充电很快达到 u_2 的最大值 $u_C = \sqrt{2}\,U_2$。此后 u_2 下降，由于 $u_2 < u_C$，四个整流管截止，电容 C 开始向 R_L 放电，因其放电时间常数 $R_L C$ 较大，u_C 缓慢下降。

桥式整流电容
滤波电路和
电感滤波电路

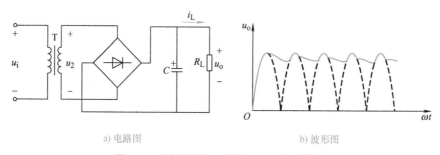

a) 电路图   b) 波形图

图 1-25　桥式整流电容滤波电路及波形图

当 u_2 在负半周的绝对值增加到 $|u_2| > u_C$ 时，整流二极管 VD_2、VD_4 正偏导通，VD_1、VD_3 反偏截止，电源继续向电容 C 充电，同时向负载提供电流，电容上的电压仍然很快地上升。达到 u_2 的最大值后，电容又通过负载放电，这样不断地进行充电和放电，在负载上得到比较平滑的直流电压波形，如图 1-25b 所示。

经过滤波后的输出电压平均值 U_o 得到了提高，工程上，一般按式（1-14）估算 U_o 和 U_2 的关系：

$$U_o \approx 1.2 U_2 \qquad (1-14)$$

电容滤波电路中，若负载电阻开路，则

$$U_o \approx \sqrt{2}\,U_2$$

负载上直流电压平均值及其平滑程度与放电时间常数 $\tau = R_L C$ 有关，τ 越大，电容 C 放电越慢，输出电压的波形就越平稳。为了获得较平稳的输出电压，选择电容时一般按式（1-15）选取：

$$R_L C \geq (3 \sim 5) T/2 \qquad (1-15)$$

滤波电容数值一般在几十到几千微法，其耐压值 U_{CN} 应大于输出电压值，一般取输出电压 1.5 倍左右，且通常采用有极性的电解电容。使用时应注意它的极性，如果接反会造成损坏。

二极管的平均电流仍按负载电流的一半选取，即

$$I_{\mathrm{D}} = \frac{1}{2} I_{\mathrm{o}} = \frac{1}{2} \frac{U_{\mathrm{o(AV)}}}{R_{\mathrm{L}}} \qquad (1\text{-}16)$$

考虑到每个二极管的导通时间较短，会有较大的冲击电流，因此，二极管的额定正向电流一般按式（1-17）选择：

$$I_{\mathrm{F}} = (2 \sim 3) I_{\mathrm{D}} \qquad (1\text{-}17)$$

二极管承受的最高反向工作电压仍为二极管截止时两端电压的最大值，则选取

$$U_{\mathrm{RM}} \geqslant \sqrt{2} U_2 \qquad (1\text{-}18)$$

电容滤波电路的优点是电路简单，输出电压较高，脉动较小；其缺点是输出电压受负载变化影响较大，所以电容滤波电路只适用于负载电流较小且变动不大的场合。

【例1.4】　有一单相桥式整流电容滤波电路如图1-25a所示，市电频率为 $f = 50\mathrm{Hz}$，负载电阻为 400Ω，要求直流输出电压 $U_{\mathrm{o(AV)}} = 24\mathrm{V}$，选择整流二极管及滤波电容。

解：（1）选择整流二极管

$$I_{\mathrm{D}} = \frac{1}{2} \frac{U_{\mathrm{o(AV)}}}{R_{\mathrm{L}}} = \frac{1}{2} \times \frac{24\mathrm{V}}{400\Omega} = 0.03\mathrm{A}$$

$$I_{\mathrm{F}} = (2 \sim 3) I_{\mathrm{D}} = 60 \sim 90\mathrm{mA}$$

因为 $U_{\mathrm{o(AV)}} = 1.2 U_2$，所以 $U_2 = U_{\mathrm{o(AV)}}/1.2 = 20\mathrm{V}$。

二极管承受的最高反向电压为 $U_{\mathrm{RM}} = \sqrt{2} U_2 = 20\sqrt{2}\,\mathrm{V} = 28.2\mathrm{V}$。

查阅手册得，2CZ52型二极管的 $I_{\mathrm{F}} = 100\mathrm{mA}$，查阅电压分档标志，2CZ52B的最高反向工作电压 $U_{\mathrm{RM}} = 50\mathrm{V}$，符合要求。

（2）选择滤波电容

$$T = 1/f = 1/(50\mathrm{Hz}) = 0.02\mathrm{s}$$

根据式（1-15），取 $R_{\mathrm{L}}C = 5T/2 = 5 \times 0.02\mathrm{s}/2 = 0.05\mathrm{s}$。

已知 $R_{\mathrm{L}} = 400\Omega$，所以 $C = 0.05\mathrm{s}/R_{\mathrm{L}} = 0.05\mathrm{s}/400\Omega = 125 \times 10^{-6}\mathrm{F} = 125\mu\mathrm{F}$。

电容耐压值 $U_{\mathrm{CN}} = 1.5 U_{\mathrm{o(AV)}} = 36\mathrm{V}$。

选取标称耐压值为50V、电容量为 $200\mu\mathrm{F}$ 或 $500\mu\mathrm{F}$ 的电解电容。

1.2.4　电感滤波电路

在整流电路与负载之间串接一个电感线圈 L，就构成电感滤波电路，桥式整流电感滤波电路如图1-26所示。

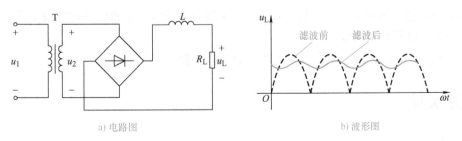

a) 电路图　　　　　　　　　　　　b) 波形图

图1-26　桥式整流电感滤波电路及波形图

若忽略电感线圈的电阻，根据电感的频率特性可知，频率越高，电感的感抗值越大，对

整流电路输出电压中的高频成分压降就越大，而全部直流分量和少量低频成分则降在负载电阻上，从而起到了滤波作用。

当忽略电感线圈的直流电阻时，桥式整流电感滤波电路输出的平均电压为 $U_{o(AV)} \approx 0.9 U_2$。

如图 1-26b 所示，经过电感滤波后，负载电流和电压的脉动减小，变得平滑。电感线圈的电感量越大，负载电阻越小，滤波效果越好。但电感量大会引起电感的体积过大，成本增加，输出电压下降。一般电感滤波电路只应用于低电压、大电流的场合。

单独使用电容或电感构成的滤波电路，滤波效果不够理想。为了满足较高的滤波要求，常采用复式滤波电路。复式滤波电路由滤波电容、滤波电感及电阻组合而成，如图 1-27 所示，通常有 LC、$LC - \pi$、$RC - \pi$ 等复式滤波电路。

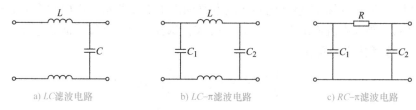

a) LC 滤波电路   b) $LC-\pi$ 滤波电路   c) $RC-\pi$ 滤波电路

图 1-27 常用复式滤波电路

1.2.5 整流滤波电路应用及其故障分析

在对整流滤波电路进行调试时，需熟记各类整流滤波电路的输出电压与变压器二次电压有效值 U_2 的关系，以便分析、排除故障。所有电容滤波电路，若负载 R_L 开路，$U_o \approx \sqrt{2} U_2$。整流滤波电路调试过程中常见故障分析，通过例 1.5 予以介绍。

【例 1.5】 桥式整流电容滤波电路如图 1-25 所示，变压器二次电压为 10V。若测得输出电压分别为：(1) 4.5V；(2) 9V；(3) 10V；(4) 14V，试分析电路工作是否正常。若不正常，分析故障原因。

解：本电路工作正常时，$U_{o(AV)} = 1.2 U_2 = 12V$。实测得到例题所列数据，说明电路有故障。

(1) 测得输出电压为 4.5V，这一电压数据符合半波整流电路的输出与输入关系，说明桥式整流电容滤波电路变成半波整流电路。估计：桥式整流二极管中有一个开路，可能是虚焊或断开，同时滤波电容开路。

(2) 测得输出电压为 9V，$U_{o(AV)} = 0.9 U_2$，说明电路变成桥式整流电路，是滤波电容断开所致。

(3) 测得输出电压为 10V，$U_{o(AV)} = U_2$，说明电路变成半波整流电容滤波电路，是整流桥中有一个二极管开路所致。

(4) $U_{o(AV)} = 14V$，$U_o \approx \sqrt{2} U_2$，说明负载电阻开路。

任务实施

1. 设备与器件

模拟实验台、万用表、毫安表、示波器、整流二极管 1N4007、电阻 100Ω、电解电容

100μF 和 470μF、开关、导线若干。

2. 任务实施过程

识别与检测元器件。若有元器件损坏，请说明情况。按图 1-28 所示电路图连接电路。

（1）桥式整流电路的测试

接通工频正弦交流电源，调节变压器使其输出电压为 16V。断开 S_1、S_2，合上 S_3，用示波器观察输出电压波形，用万用表测出输出电压值，并将其与毫安表的读数填入表 1-4 中。

（2）桥式整流电容滤波电路的测试

合上 S_1、S_3，用示波器观察输出波形，用万用表测出输出电压值，并将其与毫安表的读数填入表 1-4 中。合上 S_1、S_2、S_3；合上 S_1、S_2，断开 S_3，重复上述操作，记录数据填入表 1-4 中。

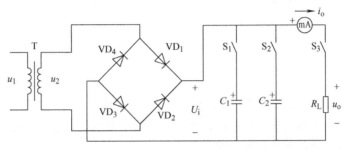

图 1-28　桥式整流电容滤波电路

表 1-4　电路测试记录

滤波电路	u_o 的波形	U_2/V	U_o/V	I_o/mA
仅 S_3 闭合				
S_1、S_3 闭合				
S_1、S_2、S_3 闭合				
仅 S_3 断开				

（3）桥式整流电容滤波电路故障分析

根据表 1-5 所示情况，进行桥式整流电容滤波电路故障分析。

表 1-5　桥式整流电容滤波电路故障分析

情况	故障现象	情况	故障现象
整流二极管 VD_1 开路		负载 R_L 开路	
整流二极管 VD_3 短路		电容 C 开路	

3. 注意事项

1）连接电路时，整流二极管及电解电容极性不能接错，以免损坏元器件，甚至烧毁电路。

2）连接好电路之后，才可通电，不能带电改装电路。

3) 负载电阻 R_L 不能过小，更不允许短路，以免烧毁毫安表。

4. 任务考核

1) 桥式整流后的电压为脉动直流电压，其中包括较大的_____（交流/直流）分量，通过电容滤波后削弱_____（交流/直流）分量的作用，输出波形的脉动系数_____（变大/变小）。

2) 增大电容的容量或者增大负载电阻的阻值，输出波形的脉动系数变_____（大/小），交流分量_____（增大/减小），直流分量_____（增大/减小）。

3) 负载空载时，输出波形的特点为_____。

任务 1.3　稳压电路的组装与测试

任务导入

由交流电经过整流滤波后转变成的直流电，其输出电压是不稳定的。在输入电压、负载、环境温度、电路参数等发生变化时，都能引起输出电压的变化。要想获得稳定不变的直流电源，还必须要在整流滤波后加上稳压电路。

任务描述

通过对稳压电路的组装与测试，使学生掌握并联型稳压电路、串联型稳压电路、三端集成稳压电源电路的组成、稳压原理及工作过程；掌握各种稳压电源的接线和测试方法；能够使用示波器测量输入、输出波形及使用万用表测量相关数据。

知识链接

1.3.1　并联型稳压电路

1. 电路组成

所谓稳压电路，就是当电网电压波动或负载发生变化时，能使输出电压稳定的电路。最简单的直流稳压电源是硅稳压二极管并联型稳压电路，如图 1-29 所示，电阻 R 是限流电阻，起稳压限流作用，使稳压二极管电流 I_Z 不超过允许值，另一方面还利用它两端电压升降使输出电压 U_o 趋于稳定。

为了保证稳压二极管正常工作，稳压二极管必须反向偏置，且反偏电流 I_Z 应满足：$I_{Zmin} < I_Z < I_{Zmax}$。式中，$I_{Zmin}$ 是使稳压二极管

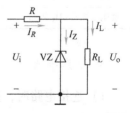

图 1-29　硅稳压二极管并联型稳压电路

稳压的最小电流，I_{Zmax} 是使稳压二极管正常工作的最大极限电流。

2. 稳压原理

引起直流电源输出不稳定的主要原因是电网电压波动和负载 R_L 变化。现将电路克服不稳定因素影响，实现稳压的原理简述如下：

设因电网电压上升或 R_L 增加造成 U_o 增加时，通过稳压二极管 VZ 的电流随着增加，从而使电阻上的电压 U_R 增加，结果是阻止了输出电压的上升，使输出电压 U_o 保持基本稳定不变，即

$$U_i(R_L)\uparrow \longrightarrow U_o(=U_i-I_R R)\uparrow \longrightarrow I_Z\uparrow \longrightarrow I_R(=I_Z+I_L)\uparrow$$
$$U_o\downarrow \longleftarrow U_R\uparrow$$

反之，输入电压 U_i 降低或 R_L 下降引起 U_o 下降时，I_Z 将下降，使 U_R 下降，于是限制了 U_o 的下降，使 U_o 基本不变，达到稳压的目的。

从以上分析可知，硅稳压二极管并联型稳压电路能稳定输出电压，是稳压二极管和限流电阻起决定作用，即利用硅稳压二极管反向击穿时电压稍有变化就引起反向击穿电流很大的变化，再通过限流电阻 R 把电流变化转换成电阻上电压的变化，来保持输出电压基本不变。

稳压二极管的动态电阻越小，限流电阻越大，输出电压的稳定性越好。但输出电压、电流受稳压二极管的限制，变化范围小，不能调节，因此，只适用于电压固定的小功率负载，且负载变化范围不大的场合。

【例1.6】 稳压电路如图 1-29 所示，已知稳压二极管的稳定电压，$U_Z = 8V$，$I_{Zmin} = 5mA$，$I_{Zmax} = 30mA$，限流电阻 $R = 390\Omega$，负载电阻 $R_L = 510\Omega$，试求输入电压 $U_i = 17V$ 时，输出电压 U_o 及电流 I_L、I_R、I_Z 的大小。

解： 令稳压二极管开路，求得 R_L 上的电压降 U_o' 为

$$U_o' = \frac{U_i R_L}{R + R_L} = \frac{17 \times 510}{390 + 510}V \approx 9.6V$$

因 $U_o' > U_Z$，稳压二极管接入电路后即可工作在反向击穿区，略去动态电阻 r_Z 的影响，稳压电路的输出电压 U_o 就等于稳压二极管的稳定电压 U_Z，即

$$U_o = U_Z = 8V$$

由此计算出各电流大小分别为

$$I_L = \frac{U_o}{R_L} = \frac{8}{510}A \approx 0.0157A = 15.7mA$$

$$I_R = \frac{U_i - U_o}{R_L} = \frac{17 - 8}{390}A = 0.0231A = 23.1mA$$

$$I_Z = I_R - I_L = (23.1 - 15.7)mA = 7.4mA$$

可见，$I_{Zmin} < I_Z < I_{Zmax}$，稳压二极管处于正常稳压工作状态，上述计算结果是正确的。

1.3.2 串联反馈型稳压电路

串联反馈型稳压电路因调整器件与负载串联而得名，简称串联型稳压电路。

1. 电路组成

简单的串联型稳压电路原理图和框图如图 1-30 所示。它由四部分组成：取样电路、基

准电压电路、比较放大电路和调整器件（调整管）。其中取样电路由 R_1、R_2 组成，作用是将输出电压的变化取出反馈到比较放大器输入端，然后控制调整管的压降变化；基准电压电路由稳压管 VZ 与限流电阻 R_3 组成，作用是为电路提供基准电压；比较放大电路由 VT_2 组成，其作用是放大取样电压与基准电压之差，经过 VT_2 集电极电位（也为 VT_1 基极电位）控制调整管工作；调整管 VT_1 的作用是根据比较电路输出，调节集电极、发射极间电压，从而达到自动稳定输出电压的目的。

电路中因调整管与负载串联，$U_o = U_i - U_{CE1}$，故名串联型稳压电路。R_4 既是 VT_2 的集电极负载电阻，又是 VT_1 的基极偏置电阻，使 VT_1 处于放大状态。

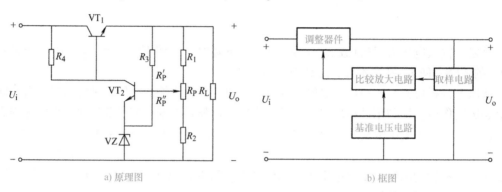

a) 原理图　　　　　　　　　　　　　　　　　b) 框图

图 1-30　串联型稳压电路

2. 工作原理

串联型稳压电路稳压原理简述如下：

当电网电压波动或负载电流 I_L 变化，导致输出电压 U_o 增加时，通过取样电阻的分压作用，VT_2 基极电位 V_{B2} 随之升高，由于 $V_{E2} = U_Z$，是稳压二极管提供的基准电压，其值基本不变，致使 U_{BE2} 增大，I_{C2} 随之增大，VT_2 的集电极电位 V_{C2} 下降。由于 VT_1 的基极电位 $V_{B1} = V_{C2}$，因而 I_{C1} 减小，VT_1 管压降 U_{CE1} 增大，使输出电压 $U_o = U_i - U_{CE1}$ 下降，结果使 U_o 基本保持恒定。

$$U_i\uparrow 或 I_L\uparrow \longrightarrow U_o\uparrow \longrightarrow V_{B2}\uparrow \longrightarrow U_{BE2}\uparrow \longrightarrow I_{C2}\uparrow$$
$$U_o\downarrow \longleftarrow U_{CE1}\uparrow \longleftarrow I_{C1}\downarrow \longleftarrow V_{B1}\downarrow \longleftarrow V_{C2}\downarrow$$

反之，因某种原因使 U_o 下降，通过负反馈过程，使 U_{CE1} 减小，从而使 U_o 增加，结果使 U_o 基本保持恒定。

由此可见，串联型稳压电路实质上是通过电压负反馈使输出电压维持稳定的。

由图 1-30a 知

$$U_{B2} = U_{BE2} + U_Z = U_o \frac{R_2 + R_P''}{R_1 + R_2 + R_P}$$

$$U_o = \frac{R_1 + R_2 + R_P}{R_2 + R_P''}(U_Z + U_{BE2}) \tag{1-19}$$

当 R_P 调到最上端时，输出电压为最小值，即

$$U_{\text{omin}} = \frac{R_1 + R_2 + R_P}{R_2 + R_P}(U_Z + U_{\text{BE2}})$$

当 R_P 调到最下端时，输出电压为最大值，即

$$U_{\text{omax}} = \frac{R_1 + R_2 + R_P}{R_2}(U_Z + U_{\text{BE2}})$$

以上电路中，若将比较放大管 VT_2 改为集成运算放大器 A，则构成了由集成运算放大器构成的串联型稳压电路，图 1-31 所示为其原理电路，读者可自行分析其工作原理。

串联型稳压电源工作电流较大，输出电压一般可连续调节，稳压性能优越。目前这种稳压电源已经制成单片集成电路，广泛应用在各种电子仪器和电子电路之中。串联型稳压电源的缺点是损耗较大、效率低。

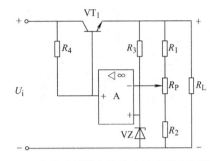

图 1-31　集成运算放大器构成的串联型稳压电路

1.3.3　三端集成稳压电路

集成稳压器将串联稳压电路和各种保护电路集成在一起。它具有稳压性能好、体积小、重量轻、使用方便等优点，因而得到广泛应用，已逐渐取代由分立元器件组成的稳压电路。

集成稳压器的种类较多，按其输出电压是否可调，可分为输出电压不可调集成稳压器和输出电压可调集成稳压器；按输出电压极性的不同，可分为正输出电压集成稳压器和负输出电压集成稳压器。

1. 三端固定式集成稳压器

这种稳压器将所有元器件都集成在一个芯片上，只有三个引脚，即输入端、输出端和公共端。

（1）三端固定式集成稳压器的命名和引脚排列

三端固定式集成稳压器有输出正电压的 7800 系列和输出负电压的 7900 系列。三端固定式集成稳压器的命名方法如下：

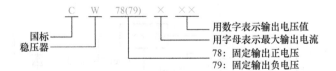

国产三端固定式集成稳压器输出电压有 5V、6V、9V、12V、15V、18V、24V 七种。最大输出电流大小用字母表示，字母与最大输出电流对应表见表 1-6。

表 1-6　7800、7900 系列集成稳压器字母与最大输出电流对应表

字母	L	N	M	无字母	T	H	P
最大输出电流/A	0.1	0.3	0.5	1.5	3	5	10

常用的美国国家半导体公司生产的三端固定式集成稳压器型号含义与国产型号含义类似，常用"LM"代表美国半导体公司生产。例如，CW7805 为国产三端固定式集成稳压器，输出电压为 5V，最大输出电流为 1.5A；LM79M9 为美国国家半导体公司生产的 −9V 稳压器，最大输出电流为 0.5A。

三端固定式集成稳压器外形及引脚排列如图 1-32 所示。

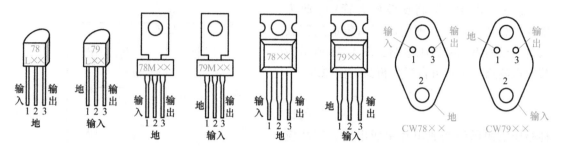

图 1-32　三端固定式集成稳压器外形及引脚排列

(2) 三端固定式集成稳压器应用电路

三端固定式集成稳压器组成的固定电压输出电路如图 1-33 所示，其中图 1-33a 为固定输出正电压电路。整流滤波后的直流电压接在输入端和公共端（地）之间，在输出端即可得到稳定的输出电压 U_o。为了改善纹波电压，常在输入端接入电容 C_1，用以旁路在输入导线过长时引入的高频干扰脉冲，一般容量为 0.33μF。同时，在输出端接上电容 C_2，以改善负载的瞬态响应和防止电路产生自激振荡，C_2 的容量一般为 0.1μF。C_1、C_2 焊接时，要尽可能靠近集成稳压器的引脚。

三端固定式
集成稳压器的
基本应用电路

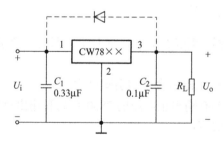

a) 固定输出正电压电路

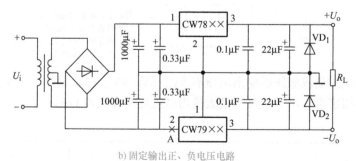

b) 固定输出正、负电压电路

图 1-33　固定电压输出电路

虚线所接二极管对集成稳压器起保护作用。如不接二极管，当输入端短路且 C_2 容量较大时，C_2 上的电荷通过集成稳压器内电路放电，可能使集成稳压器击穿而损坏。接上二极管后，C_2 上的电压使二极管正偏导通，电容通过二极管放电，从而保护了集成稳压器。

图 1-33b 为固定输出正、负电压电路。电源变压器带有中心抽头并接地，输出端有大小相等、极性相反的电压。图中，VD_1、VD_2 起保护集成稳压器的作用。在输出端接负载的情况下，如果其中一路集成稳压器输入 U_i 断开，如图中 CW79×× 的输入端 A 点断开，则 $-U_o$ 通过 R_L 作用于 CW79×× 的输出端，使它的输出端对地承受反向电压而损坏。有了 VD_2，在上述情况发生时，VD_2 正偏导通，使反向电压钳制在 0.7V，从而保护了集成稳压器。

2. 三端可调式集成稳压器

(1) 三端可调式集成稳压器的命名和引脚排列

三端可调式集成稳压器输出电压可调且稳压精度高，只需要外接两只不同的电阻，即可获得各种输出电压。典型产品有输出正电压的 CW117、CW217、CW317 系列和输出负电压的 CW137、CW237、CW337 系列。按输出电流的大小，每个系列又分为 L 型、M 型等。型号由五个部分组成，其含义如下：

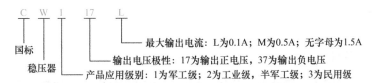

三端可调式集成稳压器引脚排列图如图 1-34 所示。除输入、输出端外，另一端称为调整端。

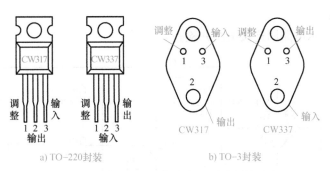

a) TO-220封装　　　　b) TO-3封装

图 1-34　三端可调式集成稳压器引脚排列图

(2) 三端可调式集成稳压器基本应用电路

三端可调式集成稳压器基本应用电路以 CW317 为例，电路如图 1-35 所示，该电路为输出电压 1.25～37V 连续可调，最大输出电流为 1.5A。它的最小输出电流由于集成电路参数限制，不得小于 5mA。

CW317 的输出端与调整端之间电压 U_{REF} 固定在 1.25V，调整端（ADJ）的电流很小且十分稳定（50μA），R_1 和 R_2 近似为串联，输出电压可表示为

$$U_o \approx \left(1 + \frac{R_2}{R_1}\right) \times 1.25V \tag{1-20}$$

图 1-35 中，R_1 跨接在输出端与调整端之间，为保证负载开路时输出电流不小于 5mA，R_1 的最大值为 $R_{1max} = U_{REF}/5mA = 250\Omega$，取 240Ω。本电路要求最大输出电压为 37V，R_2 为输出电压调节电阻，其阻值代入式 (1-20) 即可求得，取 6.8kΩ，C_2 是为了减小 R_2 两端纹波电压而设置的，C_3 是为了防止输出端负载呈容性时可能出

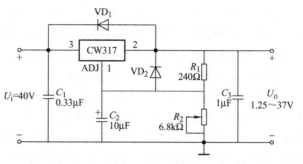

图 1-35　三端可调式集成稳压器电路

现的阻尼振荡，C_1 为输入端滤波电容，可抵消电路的电感效应和滤除输入线引入的干扰脉冲。VD_1、VD_2 是保护二极管，可选开关二极管 1N4148。

由此可见，调节 R_2 就可实现输出电压的调节。

若 $R_2 = 0$，则 U_o 为最小输出电压。随着 R_2 的增大，U_o 随之增加，当 R_2 为最大值时，U_o 也为最大值，所以 R_2 应按最大输出电压值来选择。

任务实施

1. 元器件、器材

模拟实验台、万用表、示波器、稳压二极管、电阻、电容、晶体管、导线若干。

2. 任务实施过程

（1）电路连接

按照图 1-36 所示电路图连接电路并检查。

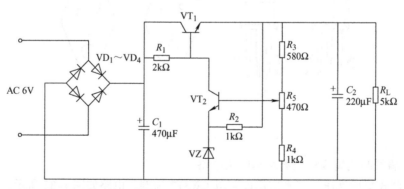

图 1-36　串联型稳压电路

（2）输入电压的波动对输出电压的影响

按表 1-7 改变输入电压值，观察万用表测量的 U_{CE1}、负载两端的输出电压值，并记录测量数据。

（3）负载的波动对输出电压的影响

按表 1-8 改变负载电阻值，观察万用表所测量的 U_{CE1}、负载两端的输出电压值，并记录

测量数据。

表 1-7　串联型稳压电路输入电压变化时输出电压测量表

输入电压值（交流）/V	负载电阻值/kΩ	VT$_1$ 的 U_{CE1} 值	负载输出电压值（直流）	负载输出电压变化值
6	5			
9	5			
12	5			
结论				

表 1-8　串联型稳压电路负载变化时输出电压测量表

输入电压值（交流）/ V	负载电阻值/kΩ	VT$_1$ 的 U_{CE1} 值	负载输出电压值（直流）	负载输出电压变化值
9	5			
9	4			
9	3			
结论				

3. 注意事项

1）连接电路时，整流二极管及电解电容极性不能接错，以免损坏元器件，甚至烧毁电路。

2）连接好电路，确定无误方可通电测试，不能带电改装电路。

3）负载电阻 R_L 不能过小，更不允许短路。

4. 任务考核

1）串联型稳压电路主要由 ＿＿＿＿＿ 、 ＿＿＿＿＿ 、 ＿＿＿＿＿ 、 ＿＿＿＿等部分组成。

2）在一定的限制范围内，输入电压或者负载发生变化时，输出电压变化较＿＿＿＿ 。

3）稳压的含义是什么？主要体现在哪些方面？

项目制作　　直流稳压电源的设计与制作

1. 设备与器件

主要包括可调工频电源、示波器、万用表等。直流稳压电源所需元器件（材）见表1-9。

表 1-9　直流稳压电源元器件明细

序号	名称	元器件标号	规格型号	数量
1	变压器	T	220V/17V（双路）	1
2	集成稳压器	LM7815、LM7915	15V、−15V	2
3	整流二极管	VD$_1$ ~ VD$_4$	1N4001	4
4	电解电容	C_1、C_2	25V、1000μF	2

（续）

序号	名称	元器件标号	规格型号	数量
5	电容	C_3、C_4	63V、0.33μF	2
6	电容	C_5、C_6	63V、0.1μF	2
7	电解电容	C_7、C_8	25V、22μF	2
8	电阻	R_1、R_2	1.5Ω	2
9	发光二极管	VL_1、VL_2	红色	2
10	印制电路板	—	配套	1

2. 电路分析

电路如图 1-2 所示，电源变压器带有中心抽头并接地，输出端有大小相等、极性相反的电压，经VD_1～VD_4（称整流桥或桥堆）整流，C_1、C_2滤波，得到 24V 左右的直流电压；再经集成稳压器 LM7815、LM7915 稳压后，得到 ±15V 双电压。其中，整流桥和电容 C_1、C_2组成桥式整流电容滤波电路；C_3～C_6的作用是使稳压器在整个输入电压和输出电流变化范围内，提高稳压器的工作稳定性和改善瞬态响应；电解电容 C_7、C_8 能进一步减小输出电压的纹波，使输出电压更为稳定。VL_1、VL_2是发光二极管，用作电源指示灯。

3. 任务实施过程

（1）元器件的识别与检测

1）二极管的识别、检测。找出整流二极管VD_1～VD_4，根据二极管壳体的标记，判别二极管的极性，并进行确认；用万用表 $R×100$ 档（或 $R×1k$ 档）判别二极管的质量好坏，将数值填入表 1-10。

表 1-10　二极管的检测

二极管符号	正向电阻	反向电阻	质量情况
VD_1			
VD_2			
VD_3			
VD_4			

2）电容的识别、检测。找出电容 C_1～C_8，根据标注读出其电容值和耐压值，将数据填入表 1-11。

表 1-11　电容的检测

电容标号	标称值	耐压值	电容标号	标称值	耐压值
C_1			C_5		
C_2			C_6		
C_3			C_7		
C_4			C_8		

3）集成稳压器的识别与检测。根据前面所学的知识，判断 LM7815、LM7915 各引脚情况，用万用表 $R \times 1\text{k}$ 档测量各引脚之间的电阻值，粗略判断集成稳压器的好坏。

（2）直流稳压电源电路的装配

1）根据原理图设计好元器件的布局。

2）在印制电路板上安装元器件。二极管、电容正确成形。注意，元器件成形时，尺寸必须符合电路通用板插孔间距要求。按要求进行装接，不装错，元器件排列整齐并符合工艺要求，尤其应注意二极管、电解电容的极性不要装错。

3）装配完成后进行自检。装配完成后，应重点检查装配的准确性，焊点应无虚焊、假焊、漏焊、搭焊等。

（3）直流稳压电源电路的调试与检测

1）目视检验。装配完成后进行不通电自检。应对照电路原理图或接线图，逐个元器件、逐条导线地认真检查电路的连线是否正确，元器件的极性是否接反，焊点应无虚焊、假焊、漏焊、搭焊等，布线是否符合要求等。

2）在不通电的情况下，用万用表电阻档测变压器一次侧和二次侧的电阻，集成稳压器输入端、输出端对地电阻，判断电路中是否有短路现象。

3）通电检测。当测得各在路直流电阻正常时，即可认为电路中无明显的短路现象。可用单手操作法进行通电调测，它可以有效地避免因双手操作不慎而引起的电击等意外事故。

把变压器一次绕组经 0.5A 的熔断器接入 220V 交流电源，用万用表交流电压档，选择合适量程测电源变压器一次电压为_____ V，二次电压分别为_____ V、_____ V。

用万用表直流电压档测 LM7815 输入端对地电压为_____ V，LM7915 输入端对地电压为_____ V，LM7815 输出端对地电压为_____ V，LM7915 输出端对地电压为_____ V，并用示波器观察各波形。

项 目 小 结

通过本项目的学习，要求掌握的主要内容有以下几点：

1. 半导体具有热敏特性、光敏特性和掺杂特性。半导体中有两种载流子：电子和空穴，电子带负电，空穴带正电。本征半导体掺入微量三价元素可制成 P 型半导体，掺入微量五价元素可制成 N 型半导体。P 型半导体主要靠空穴导电，N 型半导体主要靠电子导电。

2. P 型半导体和 N 型半导体相结合形成 PN 结，它是载流子扩散运动和漂移运动相平衡的结果。PN 结具有单向导电性，外加正向电压时，呈现很小的正向电阻，相当于导通状态；外加反向电压时，呈现很大的反向电阻，相当于截止状态。

3. 二极管的伏安特性是非线性的，二极管为非线性器件。硅二极管的死区电压约为 0.5V，锗二极管的约为 0.1V。硅二极管的正向导通电压为 0.7V，锗二极管的为 0.3V。

4. 直流稳压电源的作用是将交流电转换为平滑稳定的直流电，一般由电源变压器、整流电路、滤波电路和稳压电路组成。整流电路是利用二极管的单向导电性将交流电压变为脉动的直流电压，滤波电路利用电容、电感等可减小脉动使直流电压平滑，稳压电路的作用是在电网电压波动或负载电流变化时保持输出电压基本不变，使它基本上不受电网电压、负载和环境温度变化的影响。

思考与练习

1.1 填空题

1. 半导体中有_____和_____两种载流子参与导电。

2. PN结具有_____性，_____偏置时导通，_____偏置时截止。温度升高时，二极管的反向饱和电流将_____，正向压降将_____。

3. 二极管的主要特性是具有_____性。硅二极管的死区电压约为_____V，锗二极管的死区电压约为_____V。硅二极管导通时的正向管压降约为_____V，锗二极管导通时的正向管压降约为_____V。

4. 发光二极管是一种半导体显示器件，它能将_____能转变为_____能。它工作于_____状态。

5. 直流稳压电源由_____、_____、_____、_____四个部分组成，其中以二极管为核心的是_____环节。

6. 整流电路是利用二极管的_____性将交流电变为单向脉动的直流电。稳压二极管是利用二极管的_____特性实现稳压的。

7. 桥式整流由_____只二极管构成，整流桥堆上标有"～"的引脚应与_____相连，标有"＋"和"－"的引脚应与_____相连。

8. 硅稳压二极管是工作在_____状态下的硅二极管。在实际工作中，为了保护稳压管，需在外电路串接_____。硅稳压二极管主要工作在_____区。

9. 串联型晶体管线性稳压电路主要由_____、_____、_____和_____四部分组成。

10. 如图1-37所示电路，求：

（1）变压器二次电压 $U_2 =$ _____V；（2）负载电流 $I_L =$ _____mA；（3）流过限流电阻的电流 $I_R =$ _____mA；（4）流过稳压二极管的电流为_____mA。

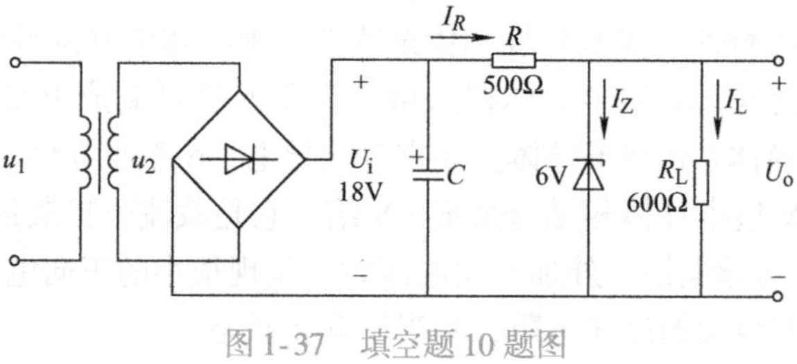

图1-37 填空题10题图

11. CW78M12的输出电压为_____V，最大输出电流为_____A。CW317为三端可调集成稳压器，能够在_____～_____V输出电压范围内提供_____A的最大输出电流。

1.2 选择题

1. 当硅二极管正偏，正偏电压分别为0.7V和0.5V时，二极管呈现的电阻值（　　）。

A. 相同   B. 不相同   C. 无法判断

2. N 型半导体为掺杂半导体,具有 (   ) 的特点。

A. 带负电

B. 空穴为多数载流子

C. 电子为多数载流子

D. 单向导电性

3. 关于 2CZ 型二极管,以下说法正确的是 (   )。

A. 由 P 型锗材料制成,适用于小信号检波

B. 由 N 型硅材料制成,适用于整流

C. 由 N 型硅材料制成,适用于小信号检波

4. 在表 1-12 所示 4 个二极管中,单向导电性最好的是 (   )。

表 1-12

电流 \ 二极管	A	B	C	D
反向电流/μA	1	2	5	10
加相同正向电压时的电流/mA	16	5	9	6

5. 图 1-38 所示电路,二极管导通时管压降为 0.7V,反偏时电阻为∞,则以下说法正确的是 (   )。

A. VD 导通,$U_{AO} = 5.3V$

B. VD 导通,$U_{AO} = -5.3V$

C. VD 导通,$U_{AO} = -6.7V$

D. VD 导通,$U_{AO} = 6.7V$

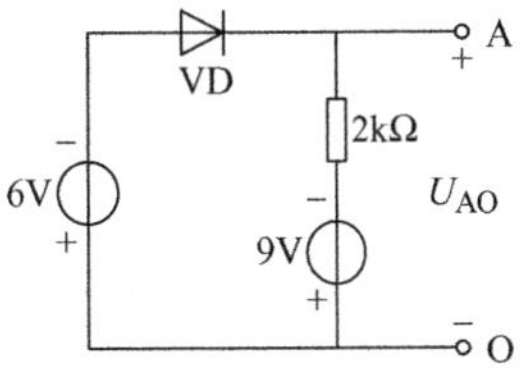

图 1-38 选择题 5 题图

6. 在单相桥式整流电路中,若有一只整流二极管接反,则 (   )。

A. 输出电压约为 $2U_D$

B. 变为半波直流

C. 整流二极管将因电流过大而烧坏

7. 桥式整流电容滤波电路中,若变压器二次电压有效值为 10V,现测得输出电压为 14.1V,则说明 (   );若测得输出电压为 10V,则说明 (   );若测得输出电压为 9V,则说明 (   )。

A. 滤波电容开路

B. 负载开路

C. 滤波电容击穿短路

D. 其中一个二极管损坏

8. 稳压二极管的工作区是在其伏安特性 (   )。

A. 正向特性区

B. 反向特性区

C. 反向击穿区

9. 三端稳压电源输出负电压并可调的是 (   )。

A. CW79××系列

B. CW337 系列

C. CW317 系列

10. 图 1-39 所示电路装接正确的是 (   )。

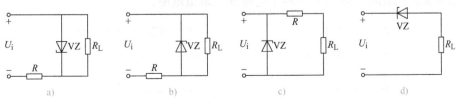

图 1-39 选择题 10 题图

A. 图 1-39a

B. 图 1-39b

C. 图 1-39c

D. 图 1-39d

1.3 判断题

1. 因为 N 型半导体的多子是自由电子，所以它带负电。（　　）
2. 当二极管两端正向偏置电压大于死区电压时，二极管才能导通。（　　）
3. 只要稳压二极管两端加反向电压就能起稳压作用。（　　）
4. 稳压二极管正常工作时必须反偏，且反偏电流必须大于稳定电流 I_Z。（　　）
5. 电容滤波电路适用于小负载电流，而电感滤波电路适用于大负载电流。（　　）
6. 电容滤波电路是利用电容的充放电特性使输出电压比较平滑的。（　　）
7. 硅稳压电路中的限流电阻起到限流和稳压双重作用。（　　）
8. 串联型直流稳压电路中的调整器件（晶体管）工作在开关状态。（　　）
9. 串联型直流稳压电路中，改变取样电路阻值的大小，可改变输出电压的大小。（　　）

1.4 在图 1-40 所示各电路中，已知直流电压 $U_i = 3V$，电阻 $R = 1k\Omega$，二极管的正向管压降为 $0.7V$，求 U_o。

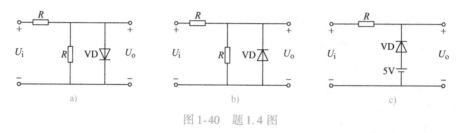

图 1-40 题 1.4 图

1.5 图 1-41a、b 所示电路中，二极管均为理想二极管，输入电压 u_i 波形如图 1-41c 所示，画出输出电压 u_o 的波形图。

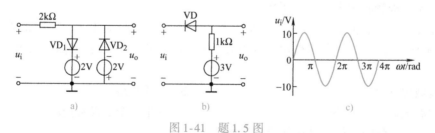

图 1-41 题 1.5 图

1.6 图 1-42 所示稳压二极管电路，其中 $U_{Z1} = 7V$，$U_{Z2} = 3V$，两管正向导通电压均为 $0.7V$。该电路的输出电压为多大？为什么？

1.7 已知稳压二极管的稳定电压 $U_Z = 6V$，稳定电流的最小值 $I_{Zmin} = 5mA$，最大功耗 $P_{ZM} = 150mW$。试求图 1-43 所示电路中电阻 R 的取值范围。

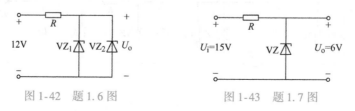

图 1-42 题 1.6 图　　　　　　图 1-43 题 1.7 图

1.8 在图 1-44 所示桥式整流电容滤波电路中，$U_2 = 20V$，$R_L = 40\Omega$，$C = 1000\mu F$。试

问：（1）正常时，U_o 为多大？（2）如果电路中有一个二极管开路，U_o 又为多大？（3）如果测得 U_o 为下列数值，可能出现了什么故障？①$U_o = 18V$；②$U_o = 28V$；③$U_o = 9V$。

1.9 有"220V、20W"电烙铁，其电源电路如图 1-45 所示。在以下几种情况下，各属于何种供电电路？输出电压各为多大？哪种情况下电烙铁温度最高？哪种情况下电烙铁温度最低？为什么？（1）S_1、S_2 均接通；（2）S_2 接通、S_1 断开（注：半波整流滤波输出电压 $u_o = u_2$）；（3）S_1 接通、S_2 断开；（4）S_1、S_2 均断开。

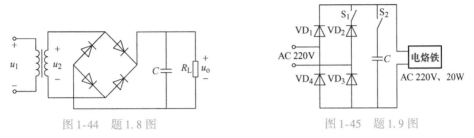

图 1-44 题 1.8 图　　　　　　　图 1-45 题 1.9 图

1.10 稳压电路如图 1-46 所示。已知稳压二极管的参数 $U_Z = 6V$，$I_{Zmin} = 10mA$，$I_{Zmax} = 30mA$。试求：（1）流过稳压二极管的电流及其耗散的功率；（2）限流电阻 R 所消耗的功率。

1.11 图 1-47 所示电路给需要 9V 的负载供电，指出图中的错误，画出正确的电路图，并说明原因。

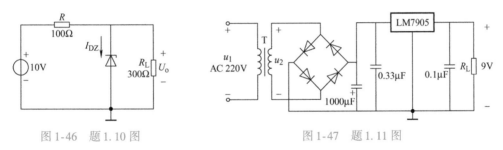

图 1-46 题 1.10 图　　　　　　　图 1-47 题 1.11 图

1.12 将图 1-48 所示的元器件正确连接起来，组成一个输出电压可调的稳压电源。

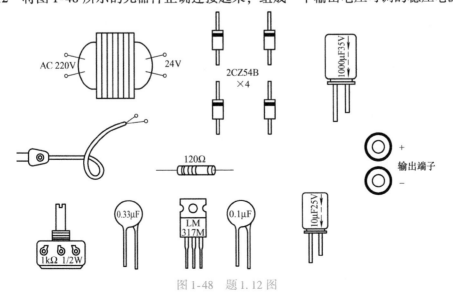

图 1-48 题 1.12 图

1.13 直流稳压电源如图 1-49 所示，试回答下列问题：（1）电路由哪几部分组成？各组成部分包括哪些元器件？（2）输出电压 U_o 等于多少？（3）U_o 最小值为多少？

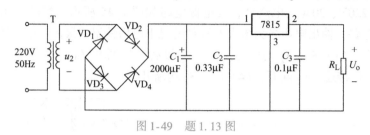

图 1-49 题 1.13 图

简易助听器的设计与制作

项目剖析

语音放大电路能将微弱的声音信号放大，并通过扬声器发出悦耳的声音，在此基础上可制成助听器。从图 2-1 中可以看出，电路的核心是晶体管，电路的主要功能是电信号的放大。

助听器主要由三个部分组成：传声器、放大器和耳机。传声器为声电转换器，将外界声信号转变为电信号，然后输入放大器经放大后送至耳机，耳机再将放大后的

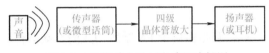

图 2-1　语音放大助听电路组成框图

电信号还原为声音。而其中的核心部分放大器多采用晶体管放大电路实现输入信号的放大。

简易助听器电路如图 2-2 所示，由 VT_1、VT_2、VT_3、VT_4 构成四级音频放大电路，各级之间采用阻容耦合方式连接。R_2、R_4、R_7 分别是前三级放大电路的基极偏置电阻，它们不直接接电源，而是接在晶体管的集电极上，起稳定静态工作点的作用。C_2 可防止电源波动对电路的寄生影响。

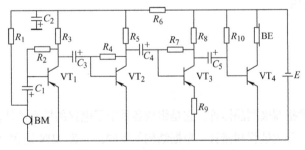

图 2-2　简易助听器电路原理图

项目目标

本项目通过简易助听器的制作，达到以下目标：

知识目标

1. 掌握晶体管的结构及电流放大特性。
2. 掌握晶体管基本放大电路的组成和工作原理。

3. 掌握基本放大电路的分析方法及其重要指标的估算方法。

4. 掌握多级放大电路的应用。

技能目标

1. 能进行晶体管的识别、测试。

2. 能对放大电路动态参数进行分析、计算。

3. 能进一步熟悉常用电子仪器及模拟电路实验设备的使用。

4. 能进行助听器电路的焊接与调试。

任务 2.1   晶体管的识别与测试

任务导入

晶体管是由两个 PN 结所构成的三端器件，是一种控制器件，具有电流放大作用，应用很广泛，还可以作为一种无触点开关使用。

任务描述

通过对晶体管的识别与测试，了解晶体管的结构，掌握晶体管的电流分配关系及放大原理；能识别晶体管并能进行检测，能查阅电子元器件手册并合理选用晶体管；掌握晶体管的输入、输出特性及应用。

知识链接

晶体管的结构及特性

晶体管是电子线路中最常用的半导体器件之一，它在电路中主要起放大和电子开关作用。**晶体管通常指双极型晶体管，它是组成各种电子电路的核心器件。**它的种类很多，按制造材料，分为硅管和锗管；根据结构的不同，分为 NPN 型和 PNP 型；按工作频率，分为低频管、高频管和超高频管；按功率，分为小功率管、中功率管和大功率管；按用途，分为放大管和开关管；按结构工艺，分为合金管和平面管。常见晶体管的外形如图 2-3 所示。

2.1.1   晶体管的结构、符号及分类

晶体管的内部结构和图形符号如图 2-4 所示，它是由三层不同性质的半导体组合而成的。中间的一层为基区，两侧分别为发射区和集电区。发射区和集电区的作用分别是发射和收集载流子，从而形成半导体内部电流。从这三个区引出的电极分别称为基极（B、b）、发射极（E、e）和集电极（C、c）。晶体管有两个 PN 结，发射区和基区之间的 PN 结称为发射结 J_e，集电区和基区之间 PN 结称为集电结 J_c。

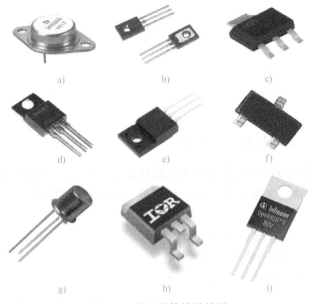

图2-3　常见晶体管的外形

不管是 NPN 型晶体管，还是 PNP 型晶体管，它们的工作原理都是类似的。下面主要以 NPN 型晶体管为例进行讨论，但讨论的结果同样适用于 PNP 型晶体管。

不管是 NPN 型还是 PNP 型晶体管，两者的工作原理完全相同，只是工作电压的极性不同，因此三个电极电流的方向也相反。两种晶体管的图形符号用发射极箭头方向的不同加以区别，箭头方向表示发射结正偏时发射极电流的实际方向。

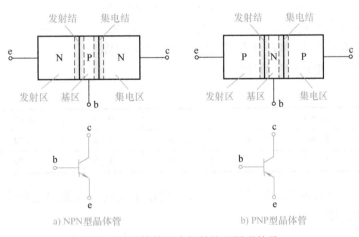

图2-4　晶体管的内部结构和图形符号

为使晶体管具有电流放大作用，采用了以下制造工艺：基区很薄且掺杂浓度低，发射区掺杂浓度高，集电结面积比发射结的面积大，但掺杂浓度低。因此，在使用时，晶体管的发射极和集电极不能互换。

2.1.2　晶体管的电流分配与放大作用

1. 晶体管电流放大作用的条件

晶体管的电流放大作用，首先取决于其内部结构特点，即发射区掺杂浓度高、集电结面积大，这样的结构有利于载流子的发射和接收。而基区薄且掺杂浓度低，以保证来自发射区的载流子顺利地流向集电区。

其次要有合适的偏置，晶体管的发射结类似于二极管，应正向偏置，使发射结导通，以控制发射区载流子的发射。而集电结则应反向偏置，以使集电极具有吸收由发射区注入基区的载流子的能力，从而形成集电极电流。对于 NPN 型晶体管，必须保证集电极电位高于基极电位，基极电位又高于发射极电位，即 $V_C > V_B > V_E$；而 PNP 型晶体管则与之相反，即 $V_C < V_B < V_E$。

2. 晶体管各电极上的电流分配关系

由 NPN 型晶体管构成的电流分配测试电路如图 2-5 所示，该电路包括基射回路（又称输入回路）和集射回路（又称输出回路）两部分，发射极为两回路的公共端，因此称为共发射极电路。

电路中，基极电源 U_{BB} 通过基极电阻 R_b 和电位器 R_P 给发射结提供正偏压 U_{BE}；集电极电源 U_{CC} 通过集电极电阻 R_c 给集电极与发射极之间提供电压 U_{CE}。

调节电位器 R_P，可以改变基极上的偏置电压 U_{BE} 和相应的基极电流 I_B。而 I_B 的变化又将引起 I_C 和 I_E 的变化。每产生一个 I_B 值，就有一组 I_C 和 I_E 值与之对应，表 2-1 为晶体管三个电极的电流分配。

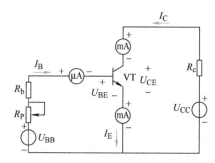

图 2-5　由 NPN 型晶体管构成的电流分配测试电路

表 2-1　晶体管三个电极的电流分配

I_B/mA	0	0.01	0.02	0.03	0.04	0.05
I_C/mA	0.01	0.56	1.14	1.74	2.33	2.91
I_E/mA	0.01	0.57	1.16	1.77	2.37	2.96

分析表 2-1 测试结果可以得到以下结论：发射极电流等于基极电流与集电极电流之和，即

$$I_E = I_B + I_C \tag{2-1}$$

式（2-1）表明，发射极电流等于基极电流与集电极电流之和。而又因基极电流很小，则 $I_E \approx I_C$，也就是说，发射极电流大部分流向集电极。

3. 晶体管的电流放大作用

从表 2-1 可以看到，当基极电流 I_B 从 0.02mA 变化到 0.03mA，即变化 0.01mA 时，集电极电流 I_C 随之从 1.14mA 变化到 1.74mA，即变化了 0.6mA，这两个变化量相比为 (1.74 −1.14)/(0.03−0.02) =60，说明此时晶体管集电极电流 I_C 的变化量为基极电流 I_B 变化量的 60 倍。

由以上分析可知：基极电流 I_B 的微小变化，将使集电极电流 I_C 发生很大的变化，即基极电流 I_B 的微小变化控制了集电极电流 I_C 的较大变化，这就是晶体管的电流放大作用。

值得注意的是，在晶体管放大作用中，被放大的集电极电流 I_C 是由电源 U_{CC} 提供的，并不是晶体管自身生成能量，它实际体现了用小信号控制大信号的一种能量控制作用。晶体管是一种电流控制器件。

2.1.3 晶体管的伏安特性

晶体管的各个电极上电压和电流之间的关系曲线称为晶体管的伏安特性曲线（简称特性曲线），它是晶体管内部特性的外部表现，是分析由晶体管组成的放大电路和选择晶体管参数的重要依据。晶体管的伏安特性曲线分为两部分：输入特性曲线和输出特性曲线。

晶体管在电路中的连接方式（组态）不同，其特性曲线也不同。NPN 型晶体管组成的共发射极特性曲线测试电路如图 2-6 所示。该电路信号由基极输入，集电极输出，发射极为输入、输出回路的公共端，故称为共发射极电路。所测得的特性曲线称为共发射极特性曲线。

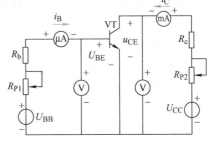

图 2-6 NPN 型晶体管组成的
共发射极特性曲线测试电路

1. 输入特性曲线

晶体管的共发射极输入特性曲线是指当晶体管的输出电压 u_{CE} 为常数时，输入电流 i_B 与输入电压 u_{BE} 之间的关系曲线，即

$$i_B = f(u_{BE})\big|_{u_{CE}=常数} \tag{2-2}$$

$u_{CE} \geqslant 1V$ 条件下测得的 NPN 型硅晶体管的输入特性曲线如图 2-7 所示。对晶体管而言，当 $u_{CE} = 1V$ 后，增大 u_{CE} 测得输入特性曲线与 $u_{CE} = 1V$ 时的输入特性曲线非常接近，近乎重合。由于晶体管实际放大时，u_{CE} 总是大于 1V，通常就用 $u_{CE} = 1V$ 这条曲线来代表输入特性曲线。

与二极管的伏安特性曲线的正向特性相似，同样存在着"死区"。死区电压（或阈值电压 U_{th}）的大小与晶体管材料有关，硅管约为 0.5V，锗管约为 0.1V。

当 $u_{CE} > 1V$ 时，加在发射结上的正偏电压 u_{BE} 基本上为定值，只能为零点几伏。其中硅管约为 0.7V，锗管约为 0.3V（绝对值）。这一数据是检查放大电路中晶体管静态时是否处于放大状的依据之一。

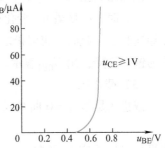

图 2-7 NPN 型硅晶体管
共发射极输入特性曲线

【**例 2.1**】 用直流电压表测量某放大电路中某只晶体管各极对地的电位分别是 $V_1 = 2V$，$V_2 = 6V$，$V_3 = 2.7V$，试判断晶体管各对应电极与晶体管管型。

解：本例的已知条件是晶体管三个电极的电位，根据晶体管能正常实现电流放大的电位关系：NPN 型管 $V_C > V_B > V_E$，且硅管放大时，$U_{BE} \approx 0.7V$，锗管 $U_{BE} \approx 0.3V$；而 PNP 型管 $V_C < V_B < V_E$，且硅管放大时，$U_{BE} \approx -0.7V$，锗管 $U_{BE} \approx -0.3V$。所以先找电位差绝对值为 0.7V 或 0.3V 两个电极，若 $V_B > V_E$，则为 NPN 型管；若 $V_B < V_E$，则为 PNP 型管。本例中，V_3 比 V_1 高 0.7V，所以管为 NPN 型硅管，3 脚是基极，1 脚是发射极，2 脚是集电极。

2. 输出特性曲线

晶体管的共发射极输出特性曲线是指当晶体管的输入电流 i_B 为某一常数时，输出电流 i_C 与输出电压 u_{CE} 之间的关系曲线，即

$$i_C = f(u_{CE}) \mid_{i_B = 常数} \tag{2-3}$$

实测的共发射极输出特性曲线如图 2-8 所示，若取不同的 i_B，则可得到不同的曲线，因此晶体管的输出特性曲线为一曲线族，通常划分为三个区域，即截止区、放大区和饱和区。

（1）放大区

放大区是指 $i_B > 0$，$u_{CE} > 1V$ 的区域，就是曲线的平坦部分。要使晶体管静态时工作在放大区（处于放大状态），发射结必须正偏，集电结必须反偏。

晶体管工作在放大区的特点是：i_C 只受控于 i_B，与 u_{CE} 无关，呈现恒流特性。因此当 i_B 固定时，i_C 的曲线是平直的。且当 i_B 有一个微小变化时，i_C 将发生较大变化，体现了晶体管的电流放大作用。图 2-8 中曲线间的间隔大小反映出晶体管电流放大能力的大小。

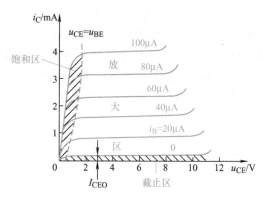

图 2-8 共发射极输出特性曲线

注意：只有工作在放大状态的晶体管才有放大作用。放大时，硅管 $U_{BE} \approx 0.7V$，锗管 $U_{BE} \approx 0.3V$。

（2）饱和区

饱和区是指 $i_B > 0$，$u_{CE} \leq 0.3V$ 的区域。工作在饱和区的晶体管，发射结和集电结均为正偏。此时，i_C 随着 u_{BE} 变化而变化，却几乎不受 i_B 的控制，晶体管失去放大作用，处于饱和导通状态。此时，集射极之间呈现低电阻，相当于一个闭合的开关。处于饱和状态的 u_{CE} 称为饱和压降，用 U_{CES} 表示。小功率硅管 $U_{CES} \approx 0.3V$，小功率锗管 $U_{CES} \approx 0.1V$。

（3）截止区

截止区是指 $i_B = 0$ 曲线以下的区域。工作在截止区的晶体管，发射结零偏或反偏，集电结反偏，由于 u_{BE} 在死区电压之内（$u_{BE} < U_{th}$），因此处于截止状态。此时晶体管各极电流均很小（接近或等于零），e、b、c 极之间近似看作开路。此时，$u_{CE} \approx V_{CC}$，集射极之间呈现高电阻，相当于一个断开的开关。

此外，由于电源电压极性和电流方向不同，PNP 型管的特性曲线与 NPN 型管的特性曲线是相反的。

当晶体管工作于截止区时，相当于开关断开，而当晶体管工作于饱和区时，相当于开关闭合，因此晶体管具有开关特性，可用这一特性组成开关电路。

晶体管的主要应用分为两个方面：一是工作在放大状态，作为放大器；二是在脉冲数字电路中，晶体管工作在饱和与截止状态，作为晶体管开关。实际应用中，常通过测量 U_{CE} 值的大小来判断晶体管的工作状态。

2.1.4 晶体管的主要参数

晶体管的参数是衡量其性能的主要技术指标，也是选用晶体管的主要依据。

1. 电流放大系数

电流放大系数是表征晶体管放大能力的参数。

(1) 共发射极电路直流电流放大系数

电路无交流信号输入而工作在直流状态时，称为静态。此时晶体管集电极直流电流 I_C 与基极直流电流 I_B 的比值，称为直流电流放大系数，用 $\bar{\beta}$ 表示，即

$$\bar{\beta} = \frac{I_C}{I_B} \tag{2-4}$$

(2) 共发射极电路交流电流放大系数

当基极回路有信号输入时，将得到变化的基极电流和更大变化的集电极电流。集电极电流变化量 Δi_C 与基极电流变化量 Δi_B 的比值，称为交流电流放大系数，用 β 表示，即

$$\beta = \frac{\Delta i_C}{\Delta i_B}\bigg|_{U_{CE}=常数} \tag{2-5}$$

一般在频率较低的情况下，$\bar{\beta}$ 与 β 数值相近，在实际应用中，可近似认为 $\bar{\beta}=\beta$，本书中统一用 β 表示，在器件手册上有时用 h_{FE} 表示。晶体管的 β 值通常在 20～200 之间。

晶体管 β 值的大小会受温度的影响。温度升高，β 值增大。大约温度每升高 1℃，β 值增加 0.5%～0.1%。这反映在输出特性曲线上，是各条曲线的间距增大并上移。

2. 极限参数

(1) 集电极最大允许电流 I_{CM}

集电极电流 I_C 增加到某一数值，引起 β 值下降到正常值 2/3 时的 I_C 值称为集电极最大允许电流 I_{CM}。当工作电流超过 I_{CM} 时，晶体管不一定会损坏，但它将因 β 值的降低而造成输出信号的失真。一般小功率管的 I_{CM} 为几十毫安，大功率管可达几安。

(2) 集电极-发射极间反向击穿电压 $U_{(BR)CEO}$

指基极开路时，集电极与发射极之间所能承受的最高反向电压。温度升高，晶体管的反向击穿电压下降。在实际使用中，必须满足 $U_{CE} < U_{(BR)CEO}$。

(3) 集电极最大允许耗散功率 P_{CM}

集电极电流流过集电结时要消耗功率而使集电结温度升高，从而会引起晶体管参数变化。P_{CM} 是指集电结允许功率损耗的最大值，其大小主要决定于允许的集电结结温。显然，P_{CM} 值与环境温度和晶体管的散热条件有关。

$$P_{CM} = i_C u_{CE} \tag{2-6}$$

根据式 (2-6)，可在输出特性曲线上画出集电极最大允许功耗曲线，如图 2-9 所示。在曲线的右

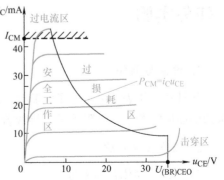

图 2-9　晶体管的安全工作区

上方 $i_C u_{CE} > P_{CM}$，这个范围称为过损耗区；在曲线的左下方 $i_C u_{CE} < P_{CM}$，这个范围称为安全工作区，晶体管应选在此区域内工作。

2.1.5　晶体管管型和管脚极性的判别

1. 判别基极和管型

晶体管实质上是两个 PN 结，可以利用 PN 结的单向导电特性，确定出晶体管的基极和管型。测试方法如图 2-10 所示。

由于晶体管的基极对集电极和发射极的正向电阻都较小，据此，可先找出基极。将万用表置于 $R \times 100$ 或 $R \times 1k$ 档，将黑（红）表笔接触某一管脚，红（黑）表笔分别接触另两个管脚，轮流测试，直到测出的两个电阻值都很小。若黑表笔接公共电极，则此极为基极，该管为 NPN 型管；若红表笔接公共电极，则此极为基极，该管为 PNP 型管。

2. 集电极和发射极的判别

测量 NPN 型晶体管的集电极时，先在除基极以外的两个电极中任设一个为集电极，将万用表的黑表笔接在假设的集电极上，红表笔接在另一电极上，然后用一个大电阻（可用两根手指）接在基极和假设的集电极之间。如果万用表测出的阻值较小，则假设正确，另一极为发射极，如图 2-11 所示。为准确起见，可调换两只表笔进行测量，如所测阻值较大，则与红表笔相连的为集电极，另一极为发射极。

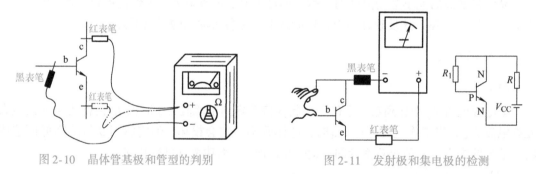

图 2-10　晶体管基极和管型的判别　　　　图 2-11　发射极和集电极的检测

若要判断的是 PNP 型晶体管，仍可用上述方法，但必须把表笔的极性对调。

任务实施

1. 设备与器件

指针式万用表，电工电子实验台，3DG6A、3AX31、9012、9013 型晶体管各 1 个，型号未知的晶体管若干，电阻若干，导线若干。

2. 任务实施步骤

（1）识读晶体管的型号

根据晶体管上面标注的型号、封装外形，通过目测识别常见类型的晶体管管脚位置，如

图 2-12 所示。借助资料，查找 3DG6A、3AX31、9012、9013 型晶体管的主要参数，并记录如下：

3DG6A _____

3AX31 _____

9012 _____

9013 _____

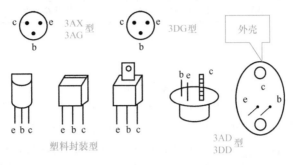

图 2-12　常见晶体管管脚位置

（2）晶体管的检测

在型号未知的情况下，利用万用表判别晶体管的各管脚及管型。测试两极间正、反向电阻，明确各晶体管的管型与材料，并将测试结果填入表 2-2 中。

表 2-2　晶体管的识别与检测

型号	b、e 间阻值		b、c 间阻值		c、e 间阻值		判断晶体管的管型、材料及好坏
	正向	反向	正向	反向	正向	反向	
3DG6A							
3AX31							
9012							
9013							

（3）晶体管各极电流关系的验证

按图 2-13 所示连接电路，图中可调电阻 R_P 为 680kΩ，R_c 为 2kΩ，调节 R_P，使 I_B 分别为 20μA、40μA、60μA。对应测量 I_C、I_E 的值，填入表 2-3 中，验证晶体管的电流关系。

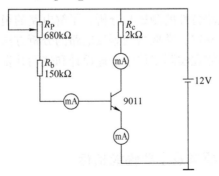

图 2-13　晶体管电流测量图

（4）总结

将表中数据进行比较分析、讨论，各小组做记录。

表 2-3　晶体管各极电流测量表

$I_B/\mu A$	20	40	60
I_C/mA			
I_E/mA			

由以上数据得出：I_E、I_C、I_B 的关系为 _____；晶体管 β 值为 _____

3. 任务考核

记录测试结果，写出实训报告，并思考下列问题：

1）根据表 2-3 的测试结果可以看出，晶体管的基极电流 _____（远大于/约等于/远小于）集电极和发射极电流，集电极电流 _____（远大于/约等于/远小于）发射极电流。三个电流之间的关系符合 _____（基尔霍夫电流定律/基尔霍夫电压定律）。

2）分析图 2-13 所示测试电路以及表 2-3 的测试结果可以看出，要使晶体管能起正常的放大作用，发射结必须加 _____（正向/反向）偏置，集电结必须加 _____（正向/反向）偏置。

3）用万用表的 $R \times 100$、$R \times 1k$ 档测晶体管的正向 PN 结电阻时，为什么测得阻值不同？

任务 2.2　　共发射极放大电路特性的测试与分析

任务导入

放大的本质是实现能量的控制，只有在不失真情况下放大才有意义。晶体管是放大电路的核心器件，只有它工作在放大区，才能使输出量与输入量始终保持线性关系，即电路不会产生失真。

任务描述

通过对共发射极放大电路特性的测试与分析，了解电路的组成及工作原理，掌握放大电路直流电路和静态工作点的确定，掌握微变等效电路的分析方法；能通过静态、动态测试分析放大电路的工作情况，能够在实际工作中合理设计和使用共发射极放大电路。

知识链接

2.2.1　放大电路的基本要求及主要性能指标

放大电路又称为放大器，它是使用最为广泛的电子电路之一，也是构成其他电子电路的基本单元电路。所谓"放大",就是将输入的微弱信号(简称信号,指变化的电压、电流等)放大到所需要的幅度值且与原输入信号变化规律一致的信号,即进行不失真的放大。只有在不失真的情况下放大才有意义。放大电路的本质是能量的控制和转换。

根据输入和输出回路公共端的不同,放大电路有三种基本形式:共发射极放大电路、共集电极放大电路和共基极放大电路。放大电路中晶体管的三种连接方法如图 2-14 所示。

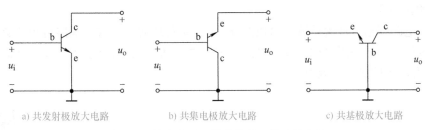

a) 共发射极放大电路 b) 共集电极放大电路 c) 共基极放大电路

图 2-14 放大电路中晶体管的三种连接方法

1. 晶体管放大电路的基本要求

要使晶体管放大电路完成预定的放大功能,必须满足以下要求:

1)应具备为放大电路提供能量的直流电源。电源的极性应满足晶体管发射结正偏、集电结反偏的条件,使晶体管工作在放大区。

2)输入信号必须能作用于放大管的输入回路中,晶体管放大电路应能使输入信号在基极产生电流 i_b,以控制集电极电流 i_c。

3)输出信号能以尽量小的损耗输送到负载。

4)元器件参数的选择要能保证信号不失真地放大,并满足放大电路的性能指标要求。

2. 放大电路的主要性能指标

(1)放大倍数

放大倍数又称增益,是衡量放大电路放大能力的指标,常用 A 表示。放大倍数主要有电压放大倍数、电流放大倍数以及功率放大倍数等。放大电路框图如图 2-15 所示。

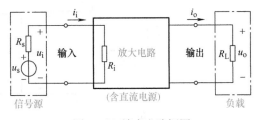

图 2-15 放大电路框图

放大电路输出电压与输入电压之比,称为电压放大倍数,用 A_u 表示,即

$$A_u = \frac{u_o}{u_i} \tag{2-7}$$

放大电路输出电流与输入电流之比,称为电流放大倍数,用 A_i 表示,即

$$A_i = \frac{i_o}{i_i} \tag{2-8}$$

工程上常用对数来表示放大倍数,称为增益 G,单位为分贝(dB),定义为

$$G_u = 20\lg|A_u| \tag{2-9}$$

$$G_i = 20\lg|A_i| \tag{2-10}$$

(2)输入电阻

输入电阻是从放大电路的输入端看进去的交流等效电阻,用 R_i 表示,在数值上等于放

大电路输入电压与输入电流之比，即

$$R_i = \frac{u_i}{i_i} \tag{2-11}$$

R_i 相当于信号源的负载，R_i 越大，加到输入端的信号越接近信号源电压。因此，在电压放大电路中，希望 R_i 大一些。

（3）输出电阻

当放大电路将信号放大后输出给负载 R_L 时，对负载而言，放大电路可视为具有内阻的信号源，该信号源的内阻又称为放大电路的输出电阻 R_o。它相当于从放大电路输出端（不包括 R_L）看进去的交流等效电阻。

放大电路输出电阻的大小反映了它带负载能力的强弱，R_o 越小，电压放大电路带负载能力越强，且负载变化时，对放大电路影响越小，所以 R_o 越小越好。

2.2.2 共发射极基本放大电路

共发射极基本
放大电路的组成
及其放大作用

1. 共发射极基本放大电路的组成

单电源供电共发射极基本放大电路如图 2-16 所示，它由晶体管、电阻、电容和直流电源组成。电路工作时，输入信号 u_i 经电容 C_1 加到晶体管的基极与发射极之间，放大后的信号 u_o 通过电容 C_2 从晶体管的集电极与发射极之间取出。输入回路与输出回路以发射极为公共端，所以称之为共射放大电路，并称公共端为"地"。各元器件的作用如下：

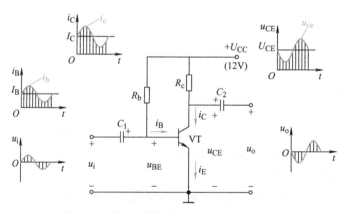

图 2-16　单电源供电共发射极基本放大电路

晶体管 VT：具有电流放大作用，是放大电路的核心器件。

集电极直流电源 U_{CC}：一是放大电路的能源，向电路及负载提供能量；二是通过 R_b、R_c 使发射结正偏、集电结反偏。U_{CC} 一般为几伏到几十伏。在画图时，往往省略电源的图形符号，只标出电源电压的文字符号。

基极（偏置）电阻 R_b：其作用是向晶体管的基极提供合适的偏置电流，并使发射结正偏。改变 R_b 的大小，可使晶体管获得合适的静态工作点。

集电极负载电阻 R_c：它的作用是将集电极电流的变化转换成电压的变化，以实现电压放大功能。另一方面，电源 U_{CC} 通过 R_c 加到晶体管上，使集电结反偏。

耦合电容 C_1、C_2：分别接在放大电路的输入端和输出端，具有隔直流、通交流的作用。一方面切断信号源与放大电路之间、信号源和负载之间直流通路的相互影响；另一方面起交流耦合作用，使交流信号在信号源、放大电路、负载之间能顺利地传送。C_1、C_2 一般为几微法至几十微法的电解电容，在连接电路时，应注意电容的极性，不能接错。

2. 放大电路中电压、电流正方向及符号的规定

(1) 电压、电流正方向的规定

电压的正方向都以输入、输出回路的公共端为负，其他各点为正，如图 2-16 所示；电流方向以晶体管各极电流的实际方向为正方向。

(2) 电压、电流符号的规定

晶体管上各极的电流和各极间的电压都是由直流量和交流量叠加而成的，电路处于交、直流并存的状态。

为了便于分析，对各类电流、电压的符号做了统一规定，在使用时要注意区分各个符号的含义，即用小写字母小写下标（如 u_{be}、i_c）表示交流量，大写字母大写下标（如 U_{BE}、I_C）表示直流量，小写字母大写下标（如 u_{BE}、i_C）表示瞬时总量，大写字母小写下标（如 U_{be}、I_c）表示交流量的有效值。

3. 共发射极基本放大电路的工作原理

放大电路中，未加输入信号（$u_i = 0$）时，图 2-16 所示电路为直流工作状态，简称静态。静态时，晶体管具有固定的 I_B、U_{BE} 和 I_C、U_{CE}，它们分别确定输入和输出特性曲线上的一个点，称静态工作点，常用 Q 来表示。

当正弦信号 u_i 输入时，电路处于交流状态或动态工作状态，简称动态。动态时，在直流电压 U_{CC} 和输入交流电压信号 u_i 的共同作用下，电路中既有直流分量，也有交流分量，是交、直流共存的电路。如图 2-16 所示，即

$$u_{BE} = U_{BE} + u_{be} = U_{BE} + u_i \tag{2-12}$$

基极电流 i_B 产生相应的变化，也在静态值 I_B 的基础上叠加变化了的 i_b，即

$$i_B = I_B + i_b \tag{2-13}$$

由于晶体管的电流放大作用，则

$$i_C = \beta i_B = \beta(I_B + i_b) = I_C + i_c \tag{2-14}$$

由图 2-16 可见

$$u_{CE} = U_{CC} - i_C R_c = (U_{CC} - I_C R_c) - i_c R_c = U_{CE} + u_{ce} \tag{2-15}$$

式中，u_{ce} 是叠加在静态值 U_{CE} 上的交流分量，$u_{ce} = -i_c R_c$。

u_{CE} 中的直流成分 U_{CE} 被耦合电容 C_2 隔断，交流成分 u_{ce} 经 C_2 传送到输出端，成为输出电压 u_o，即

$$u_o = u_{ce} = -i_c R_c \tag{2-16}$$

式（2-16）中，负号表示 u_o 与 i_c 相位相反。由于 i_c 与 i_b、u_i 相位相同，因此 u_o 与 u_i 相位相反。若输入信号电压波形如图 2-17a 所示，那么，用示波器观测到的输出电压波形如图 2-17b 所示。

综上所述可知，在共发射极放大电路中，输出信号 u_o 与输入信号电压 u_i 频率相同、相

位相反，幅度得到放大。**因此，这种单级的共发射极放大电路通常也称为反相放大器。**

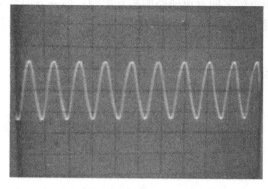
a) 用示波器观测到的输入电压u_i的波形

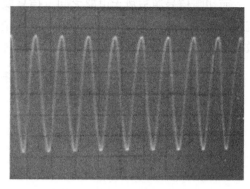
b) 用示波器观测到的u_o的波形

图 2-17　晶体管工作在放大区时的输入、输出波形

4. 共发射极基本放大电路的分析

对放大电路的分析包括静态分析和动态分析。

静态分析的对象是直流量，用来确定晶体管的静态工作点；动态分析的对象是交流量，用来分析放大电路的性能指标。**对于小信号线性放大电路，为了分析方便，常将放大电路分别画出直流通路和交流通路，把直流静态量和交流动态量分开来研究。**

（1）放大电路的静态分析

1）直流通路及画法。所谓直流通路，是指当输入信号 $u_i = 0$ 时，在直流电源 U_{CC} 的作用下，直流电流所流过的路径。在画直流通路时，将电容视为开路，电感视为短路。图 2-18a电路的直流通路如图 2-18b 所示。

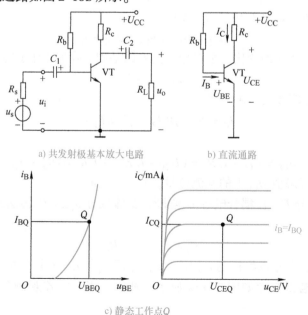
a) 共发射极基本放大电路
b) 直流通路
c) 静态工作点Q

图 2-18　共发射极基本放大电路及其直流通路

2) 静态工作点的估算。由于 $u_i = 0$，电路在直流电源 U_{CC} 作用下处于直流工作状态。晶体管的电流以及晶体管各极之间的电压均为直流电流和电压，它们在特性曲线坐标图上为一个特定的点，常称为静态工作点 Q，如图 2-18c 所示。

在图 2-18b 所示共发射极基本放大电路的直流通路中，可得

$$U_{CC} = I_B R_b + U_{BE} \tag{2-17}$$

晶体管工作于放大状态时，发射结正偏，这时 U_{BE} 基本不变，对于硅管约为 0.7V，锗管约为 0.3V。一般 $U_{CC} \gg U_{BE}$，则

$$I_{BQ} = (U_{CC} - U_{BEQ})/R_b \approx U_{CC}/R_b \tag{2-18}$$

当 U_{CC} 和 R_b 选定后，偏流 I_B 即为固定值，所以共发射极基本放大电路又称为固定偏置电路。

晶体管工作在放大区，因此有

$$I_{CQ} = \beta I_{BQ} \tag{2-19}$$

$$U_{CEQ} = U_{CC} - I_{CQ} R_c \tag{2-20}$$

如果按式（2-20）算得硅管的 U_{CEQ} 值小于 0.3V，说明晶体管已处于临界饱和状态，I_{CQ} 将不再与 I_{BQ} 成 β 倍关系。此时的 I_{CQ} 称为集电极饱和电流 I_{CS}，集电极与发射极间的电压称为饱和电压 U_{CES}。一般情况下，硅管取 0.3V，锗管取 0.1V，可由式（2-21）求得：

$$I_{CS} = \frac{U_{CC} - U_{CES}}{R_c} \approx \frac{U_{CC}}{R_c} \tag{2-21}$$

式（2-21）表明，I_{CS} 基本上只与 U_{CC} 及 R_c 有关，而与 β 及 I_{BQ} 无关。

需要强调的是，式（2-19）只有在晶体管工作于放大区时才成立，所以当在计算中出现了不合理的数据时，就要分析此时的晶体管是否工作于放大区了。

【例 2.2】 在图 2-18a 所示共发射极放大电路中，已知 $U_{CC} = 12V$，$R_b = 300\text{k}\Omega$，$R_c = 3\text{k}\Omega$，已知晶体管为 3DG100 型，$\beta = 50$。试求：（1）放大电路的静态工作点。（2）如果偏置电阻 R_b 由 300kΩ 改为 100kΩ，晶体管工作状态有何变化？求静态工作点。

解：（1）
$$I_{BQ} = \frac{U_{CC} - U_{BEQ}}{R_b} \approx \frac{U_{CC}}{R_b} = \frac{12V}{300\text{k}\Omega} = 40\mu A$$

$$I_{CQ} = \beta I_{BQ} = 50 \times 0.04\text{mA} = 2\text{mA}$$

$$U_{CEQ} = U_{CC} - I_{CQ} R_c = 12V - 2\text{mA} \times 3\text{k}\Omega = 6V$$

（2）
$$I_{BQ} \approx \frac{U_{CC}}{R_b} = \frac{12V}{100\text{k}\Omega} = 120\mu A$$

$$I_{CQ} = \beta I_{BQ} = 50 \times 0.12\text{mA} = 6\text{mA}$$

$$U_{CEQ} = U_{CC} - I_{CQ} R_c = 12V - 6\text{mA} \times 3\text{k}\Omega = -6V$$

显然这个假设是错误的，因为 NPN 型管的 U_{CEQ} 最小值为饱和压降 U_{CES}，不可能出现负值。实际情况是：当 R_b 减小后，基极电位升高，导致发射结正偏，集电结也正偏，此时晶体管已经进入饱和状态。计算出现负值表明晶体管工作在饱和区，这时应根据式（2-21）求得

$$I_{CQ} = I_{CS} \approx \frac{U_{CC}}{R_c} = \frac{12V}{3\text{k}\Omega} = 4\text{mA}$$

由此可见，共射放大电路的静态工作点是由基极偏置电阻 R_b 决定的，通过调节基极偏

置电阻 R_b 可以使放大电路获得一个合适的静态工作点。

3）用图解法确定静态工作点。 在晶体管的特性曲线上直接用作图的方法来分析放大电路的工作情况，称之为图解法。

图 2-19a 为静态时共发射极放大电路的直流通路，用点画线分成线性部分和非线性部分。非线性部分为晶体管；线性部分为确定基极偏流的 U_{CC} 和 R_b 以及输出回路的 U_{CC} 和 R_c。

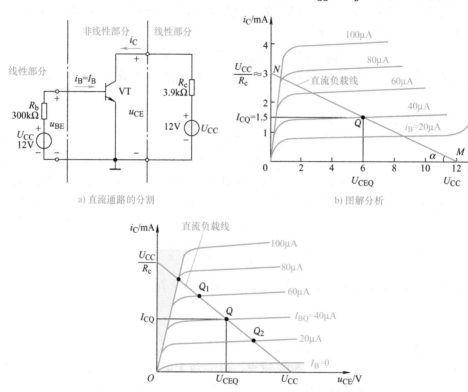

a) 直流通路的分割　　　　　　　b) 图解分析

c) I_B 对静态工作点的影响

图 2-19　共发射极放大电路的静态工作图解分析

图 2-19a 示电路中晶体管的偏流 I_B 可由下式求得：

$$I_B = \frac{U_{CC} - U_{BE}}{R_b} \approx \frac{U_{CC}}{R_b} = 40\mu A$$

非线性部分用晶体管的输出特性曲线来表征，它的伏安特性对应的是 $i_B = I_B = 40\mu A$ 的那一条输出特性曲线。

根据 KVL 可列出输出回路方程，也即输出回路的直流负载线方程为

$$U_{CC} = i_C R_c + u_{CE} = I_C R_c + U_{CE} \tag{2-22}$$

设 $i_C = 0$，则 $u_{CE} = U_{CC}$，在横坐标轴上得截点 M（U_{CC}, 0）；设 $u_{CE} = 0$，则 $i_C = \frac{U_{CC}}{R_c}$ 在纵坐标轴上得截点 $N\left(0, \frac{U_{CC}}{R_c}\right)$。连接 M、N 点得到直线 MN，就是输出回路的直流负载线。

静态时，电路中的电压和电流必须同时满足非线性部分和线性部分的伏安特性，因此，直流负载线 MN 与 $i_B = I_B = 40\mu A$ 的那一条输出特性曲线的交点 Q，就是静态工作点。

当 I_B 比较大时，静态工作点由 Q 点沿直流负载线上移至 Q_1 点，Q_1 点的位置离饱和区较近，因此易使信号正半周进入晶体管的饱和区而造成输入信号在传输和放大过程中饱和失真。当 I_B 较小时，静态工作点由 Q 点沿直流负载线下移至 Q_2 点，由于 Q_2 点距离截止区较近，因此易使输入信号负半周进入晶体管的截止区而造成输入信号在输和放大过程中截止失真。静态工作点设置得合适与否，将直接影响信号的传输和放大质量。

（2）放大电路的动态分析

1）交流通路及画法。在分析电路时，一般用交流通路来研究放大电路的动态性能。所谓交流通路，是指在信号源 u_i 的作用下，只有交流电流所流过的路径。画交流通路时，在信号频率较高情况下，容量较大的电容视为短路，电感视为开路，由于直流电源 U_{CC} 的内阻很小，对交流变化量几乎不起作用，故可视为短路。共发射极放大电路的交流通路如图 2-20 所示。

【**例 2.3**】　当输入电压为正弦波时，图 2-21 所示电路中的晶体管有无放大作用？

解：在图 2-21a 所示的电路中，U_{BB} 经 R_b 向晶体管的发射结提供正偏电压，U_{CC} 经 R_c 向集电结提供反偏电压，因此晶体管工作在放大区。但是，由于 U_{BB} 为恒压源，对交流信号起短路作用，因此输入信号 u_i 加不到晶体管的发射结，放大器没有放大作用。

在图 2-21b 所示的电路中，由于 C_1 的隔断直流作用，U_{CC} 不能通过 R_b 使晶体管的发射结正偏，即发射结零偏，因此晶体管不工作在放大区，无放大作用。

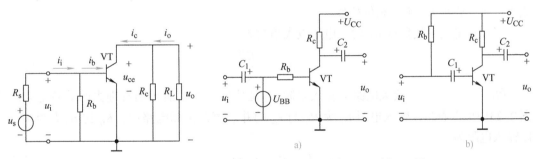

图 2-20　共发射极放大电路的交流通路　　　　　　图 2-21　例 2.3 图

2）**放大电路性能指标的估算**。当放大电路输入小信号时，晶体管的电压和电流变化量之间的关系可以近似为线性的，这时，具有非线性的晶体管可用一线性电路来等效，称为微变等效模型。

晶体管基极和发射极之间的电阻可等效为交流电阻 r_{be}，r_{be} 的大小与静态工作点有关，工程上通常用式（2-23）估算：

$$r_{be} \approx 300\Omega + (1+\beta)\frac{26\text{mV}}{I_E(\text{mA})} \tag{2-23}$$

工作在放大状态的晶体管，其输出特性可近似看作为一组与横轴平行的直线，i_c 的大小只受 i_b 的控制，而与 u_{CE} 无关，即实现了晶体管的受控恒流特性，$i_c = \beta i_b$。因此，晶体管集电极与发射极之间可用一受控电流源 βi_b 来等效。

因此，可得到如图 2-22 所示的晶体管简化低频微变等效模型。

在图 2-20 所示共发射极放大电路交流通路中，把晶体管用微变等效模型代换，即得到如图 2-23 所示的共发射极放大电路的微变等效电路。

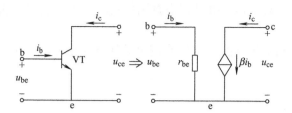

微变等效
电路的画法

图 2-22　晶体管简化低频微变等效模型

3）放大电路动态性能指标估算。

① 电压放大倍数 A_u。图 2-23 所示输入回路
电压方程为

$$u_i = i_b r_{be}$$

输出回路电压方程为

$$u_o = -i_c (R_c /\!/ R_L) = -i_c R_L' = -\beta i_b R_L'$$

式中，$R_L' = R_c /\!/ R_L$。

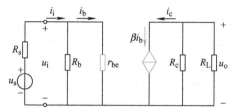

图 2-23　共发射极基本放大电路的微变等效电路

因此，电压放大倍数 A_u 为

$$A_u = \frac{u_o}{u_i} = \frac{-\beta R_L'}{r_{be}} \tag{2-24}$$

式中，负号表示 u_o 与 u_i 相位相反。

当放大电路不接负载 R_L 时，电压放大倍数为

$$A_u = \frac{-\beta R_c}{r_{be}} \tag{2-25}$$

② 输入电阻 R_i。放大电路的输入电阻 R_i 是从放大器的输入端看进去的等效电阻。从
图 2-23 中可以看出，输入电阻 R_i 为 R_b 与 r_{be} 的并联值，实际电路中，R_b 比 r_{be} 大得多，所
以输入电阻为

$$R_i = R_b /\!/ r_{be} \approx r_{be} \tag{2-26}$$

③ 输出电阻 R_o。当 u_s 被短路时，$i_b = 0$，则 $i_c = 0$。从输出端看进去，只有电阻 R_c，所
以输出电阻为

$$R_o = R_c \tag{2-27}$$

输出电阻 R_o 的大小反映放大电路带负载能力的强弱。输出电阻 R_o 越小，接入负载 R_L
后，输出电压 u_o 变化越小，电路的带负载能力越强。

【例 2.4】　放大电路如图 2-18a 所示。其中晶体管型号为 3DG8，其 β 值为 44，基极偏置
电阻 $R_b = 510\text{k}\Omega$，集电极电阻 $R_c = 6.8\text{k}\Omega$，负载 $R_L = 6.8\text{k}\Omega$，电源电压为 20V。求：（1）静态
工作点。（2）电压放大倍数 A_u、输入电阻 R_i 和输出电阻 R_o。

解：（1）根据图 2-18b 所示的直流通路，可以得到

$$I_{BQ} = \frac{U_{CC} - U_{BEQ}}{R_b} \approx \frac{U_{CC}}{R_b} = \frac{20\text{V}}{510\text{k}\Omega} \approx 40\mu\text{A}$$

$$I_{CQ} = \beta I_{BQ} = 44 \times 0.04\text{mA} = 1.8\text{mA}$$

$$U_{CEQ} = U_{CC} - I_{CQ} R_c = 20\text{V} - 1.8\text{mA} \times 6.8\text{k}\Omega \approx 8\text{V}$$

（2）由图 2-23 所示的共发射极放大电路的微变等效电路，可以得到

$$r_{be} = 300\Omega + (1+\beta)\frac{26mV}{I_{EQ}(mA)} = 300\Omega + (1+44) \times \frac{26mV}{1.8mA} = 950\Omega = 0.95k\Omega$$

$$A_u = -\beta\frac{R_L'}{r_{be}} = -44 \times \frac{6.8//6.8}{0.95} = -157$$

$$R_i \approx r_{be} = 0.95k\Omega$$

$$R_o \approx R_c = 6.8k\Omega$$

2.2.3　分压偏置式放大电路

1. 影响静态工作点稳定的主要因素

前面介绍的共发射极基本放大电路的静态工作点是通过设置合适的偏置电阻 R_b 来实现的。R_b 的阻值确定之后，I_{BQ} 就被确定了，所以，这种电路又叫固定偏置电路。共发射极基本放大电路的结构虽简单，但它最大的缺点是静态工作点不稳定，环境温度变化、电源电压波动或更换晶体管时，都会使原来的静态工作点发生改变，严重时会使放大电路不能正常工作。

在工作点不稳定的各种因素中，温度是主要因素。当环境温度改变时，晶体管的参数会发生变化，特性曲线也会发生相应的变化。

温度升高将使发射结电压 U_{BE} 减小，温度每升高 $1℃$，U_{BE} 将减小 $2.5mV$。

温度升高时，β 增大，集电极电流 I_C 将迅速增大，Q 点将上移，可能会进入饱和区。

2. 分压式偏置放大电路组成

分压式偏置放大电路如图 2-24a 所示，与固定共发射极放大电路相比，增加了 R_{b2}、R_e 和 C_e 三个元件。R_{b1} 为上偏置电阻，R_{b2} 为下偏置电阻，电源 U_{CC} 经 R_{b1} 和 R_{b2} 串联分压后为晶体管基极提供静态基极电位 U_{BQ}。R_e 为发射极电阻，起到稳定静态电流 I_{BQ} 的作用。C_e 并联在 R_e 两端，称为发射极旁路电容，对交流信号相当于短路，使电路对交流信号的放大能力不会因为 R_e 的接入而降低。

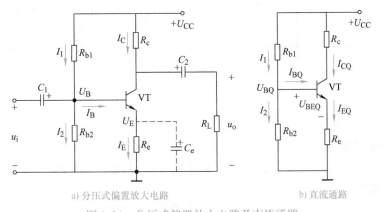

a) 分压式偏置放大电路　　　　b) 直流通路

图 2-24　分压式偏置放大电路及直流通路

3. 静态分析

分压式偏置放大电路的直流通路如图 2-24b 所示，当 R_{b1}、R_{b2} 选择适当时，使 $I_1 \gg I_{BQ}$，

就可忽略 I_{BQ}，则基极电位 U_{BQ} 由 R_{b1}、R_{b2} 分压提供，与晶体管参数无关，几乎不受温度影响。

$$U_{BQ} \approx \frac{R_{b2} U_{CC}}{R_{b1} + R_{b2}} \tag{2-28}$$

静态工作点计算如下：

$$I_{CQ} \approx I_{EQ} = \frac{U_{BQ} - U_{BEQ}}{R_e} \approx \frac{U_{BQ}}{R_e} \tag{2-29}$$

$$U_{CEQ} = U_{CC} - I_{CQ} R_c - I_{EQ} R_e \approx U_{CC} - I_{CQ}(R_c + R_e) \tag{2-30}$$

$$I_{BQ} = \frac{I_{CQ}}{\beta} \tag{2-31}$$

4. 静态工作点的稳定原理

当温度上升时，由于晶体管的 β、I_{CEQ} 增大及 U_{BEQ} 减小，引起 I_{CQ} 增大，则 I_{EQ} 增大，发射极电位 $U_{EQ} = I_{EQ} R_e$ 升高，结果使 $U_{BEQ} = U_{BQ} - U_{EQ}$ 减小，I_{BQ} 相应减小，从而限制了 I_{CQ} 的增大，使 I_{CQ} 基本保持不变，从而达到稳定静态工作点的作用。上述稳定工作点的过程可表示为

$$T \uparrow \rightarrow I_{CQ} \uparrow \rightarrow I_{EQ} \uparrow \rightarrow U_{EQ} \uparrow \rightarrow U_{BEQ}(= U_{BQ} - U_{EQ}) \downarrow \rightarrow I_{BQ} \downarrow \rightarrow I_{CQ} \downarrow$$

反之，温度下降，其变化过程正好与上述过程相反。

这个过程表明，分压式偏置放大电路的特点就是利用分压器（R_{b1} 和 R_{b2}）获得固定基极电位 U_{BQ}，再通过电阻 R_e 对电流 I_{CQ}（I_{EQ}）的取样作用，将 I_{CQ} 的变化转换成 U_{EQ} 的变化，经负反馈自动调节 U_{BEQ}，从而达到稳定 Q 点的目的。

5. 动态交流指标计算

分压式偏置放大电路的交流通路如图 2-25a 所示，其微变等效电路如图 2-25b 所示。

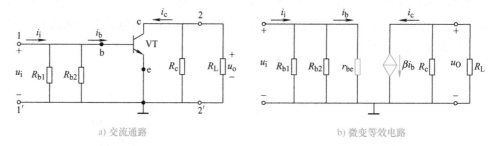

a) 交流通路　　　　　　　　　　　　b) 微变等效电路

图 2-25　分压式偏置放大电路的交流通路和微变等效电路

（1）电压放大倍数

由图 2-25a 可知

$$u_i = i_b r_{be}, \quad u_o = -i_c(R_c /\!/ R_L) = -i_c R_L' = -\beta i_b R_L'$$

则电压放大倍数为

$$A_u = \frac{u_o}{u_i} = -\beta \frac{R_C /\!/ R_L}{r_{be}} = -\frac{\beta R_L'}{r_{be}} \tag{2-32}$$

可以看出该放大电路的电压放大倍数和基本共发射极放大电路的一样。

（2）输入电阻 R_i

由微变等效电路可以看出

$$R_{\mathrm{i}} = \frac{u_{\mathrm{i}}}{i_{\mathrm{i}}} = R_{\mathrm{b1}} \mathbin{/\!/} R_{\mathrm{b2}} \mathbin{/\!/} r_{\mathrm{be}} \tag{2-33}$$

（3）输出电阻 R_{o}

由微变等效电路可以看出

$$R_{\mathrm{o}} = R_{\mathrm{c}} \tag{2-34}$$

【例2.5】　在图2-24a所示的分压式偏置放大电路中，已知 $R_{\mathrm{b1}} = 7.5\mathrm{k}\Omega$，$R_{\mathrm{b2}} = 2.5\mathrm{k}\Omega$，$R_{\mathrm{c}} = 2\mathrm{k}\Omega$，$R_{\mathrm{e}} = 1\mathrm{k}\Omega$，$R_{\mathrm{L}} = 2\mathrm{k}\Omega$，$U_{\mathrm{CC}} = 12\mathrm{V}$，设20℃时，晶体管的 $\beta = 30$。（1）试估算静态工作点及电压放大倍数、输入电阻、输出电阻。（2）假设温度上升到50℃时，晶体管的 $\beta = 60$，其他参数不变，静态工作点有无变化？

解：（1）20℃时，晶体管的 $\beta = 30$，则

$$U_{\mathrm{BQ}} \approx \frac{R_{\mathrm{b2}} U_{\mathrm{CC}}}{R_{\mathrm{b1}} + R_{\mathrm{b2}}} = \frac{2.5 \times 12\mathrm{V}}{7.5 + 2.5} = 3\mathrm{V}$$

$$I_{\mathrm{CQ}} \approx I_{\mathrm{EQ}} = \frac{U_{\mathrm{BQ}} - U_{\mathrm{BEQ}}}{R_{\mathrm{e}}} = \frac{3 - 0.7}{1}\mathrm{mA} = 2.3\mathrm{mA}$$

$$U_{\mathrm{CEQ}} = U_{\mathrm{CC}} - I_{\mathrm{CQ}} R_{\mathrm{c}} - I_{\mathrm{EQ}} R_{\mathrm{e}} \approx U_{\mathrm{CC}} - I_{\mathrm{CQ}}(R_{\mathrm{c}} + R_{\mathrm{e}}) = [12 - 2.3 \times (2+1)]\mathrm{V} = 5.1\mathrm{V}$$

$$I_{\mathrm{BQ}} = \frac{I_{\mathrm{CQ}}}{\beta} = \frac{2.3}{30}\mathrm{mA} = 0.077\mathrm{mA} = 77\mu\mathrm{A}$$

为了求 A_u，需先估算 r_{be}，即

$$r_{\mathrm{be}} \approx 300\Omega + (1 + \beta)\frac{26\mathrm{mV}}{I_{\mathrm{E}}(\mathrm{mA})} = 650\Omega$$

$$A_u = \frac{u_{\mathrm{o}}}{u_{\mathrm{i}}} = \frac{-\beta R_{\mathrm{L}}'}{r_{\mathrm{be}}} = -\beta \frac{R_{\mathrm{c}} \mathbin{/\!/} R_{\mathrm{L}}}{r_{\mathrm{be}}} = -46.2$$

$$R_{\mathrm{i}} = R_{\mathrm{b1}} \mathbin{/\!/} R_{\mathrm{b2}} \mathbin{/\!/} r_{\mathrm{be}} = 483\Omega$$

$$R_{\mathrm{o}} = R_{\mathrm{c}} = 2\mathrm{k}\Omega$$

（2）50℃时，晶体管的 $\beta = 60$，由上述计算过程可以看到，U_{BQ}、I_{CQ}、U_{CEQ}的值基本保持不变，而

$$I_{\mathrm{BQ}} = \frac{I_{\mathrm{CQ}}}{\beta} = \frac{2.3}{60}\mathrm{mA} = 38\mu\mathrm{A}$$

结论：由此可见，由于温度变化引起 β 值的变化，分压式偏置放大电路能够自动改变 I_{BQ} 以抵消 β 值变化的影响，使 Q 点基本保持不变（指 I_{CQ}、U_{CEQ} 保持不变）。如果放大电路满足 $I_1 \gg I_{\mathrm{BQ}}$ 和 $U_{\mathrm{BQ}} \gg U_{\mathrm{BEQ}}$ 两个条件，那么静态工作点将主要由直流电源和电路参数决定，与晶体管参数几乎无关。在更换晶体管时，不必重新调整静态工作点，这给维修工作带来了很大方便，所以分压式偏置放大电路在电气设备中得到了非常广泛的应用。

任务实施

1. 设备与器件

直流稳压电源、双踪示波器、万用表、信号发生器、模拟电路实验箱（或面包板）、

3DG6A 或 9013 型晶体管 1 个，电阻、电容等元件若干，各元器件具体参数和型号如图 2-26 所示。

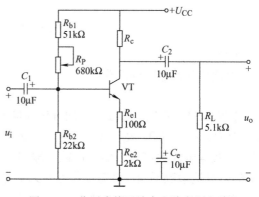

图 2-26　分压式偏置放大电路实训电路

2. 任务实施过程

1）按图 2-26 所示的电路图连接电路。

2）调节 R_P，使 $V_E = 2V$，用万用表测量 R_P 的阻值，$R_P =$ _____（R_P 阻值不可再调节）。测量并计算静态工作点各值，记入表 2-4 中。

表 2-4　静态工作点的调试　　　　　　　　　　（单位：V）

	V_B	V_E	U_{BE}	U_{CE}
测量值		2		
计算值				

3）输入 $f = 1000Hz$，$U_i \approx 1mV$ 的正弦交流信号，用双踪示波器观察放大电路输入和输出电压波形，在波形不失真的条件下用交流毫伏表测量下述三种情况下的 u_o 值，记入表 2-5 中。

表 2-5　电压放大倍数的测量

给定参数		测量值		计算值	观察记录一组 u_i 和 u_o 波形图
$R_c/k\Omega$	$R_L/k\Omega$	U_i/mV	U_o/mV	A_u	
2.4	∞				
1.2	∞				
2.4	2.4				

3. 任务考核

记录测试结果，写出实训报告，并思考下列问题：

1）用双踪示波器观察到的输出电压波形和输入电压波形是 _____（同相/反相）的。

2）根据表 2-5 的测试结果可以看出，当集电极电阻变小时，电压放大倍数 _____（变大/变小）；当负载电阻变大时，电压放大倍数 _____（变大/变小），具体关系式是 _____。

3）试分析，当电路的静态工作点偏高时，电路的最大不失真输出电压会 _____（变大/变小），容易产生 _____（饱和/截止）失真；当电路的静态工作点偏低时，电路的最大不失真输出电压会 _____（变大/变小），容易产生 _____（饱和/截止）失真。

任务 2.3　　　　　负反馈放大器的组装与测试

任务导入

反馈技术在电路中应用十分广泛。在放大电路中采用负反馈，可以改善放大电路的工作性能。在自动调节系统中，也是通过负反馈来实现自动调节的。

任务描述

负反馈对放大电路的作用主要有：稳定放大电路的放大倍数；改善放大电路的失真；拓展放大器的通频带；改变输入电阻、输出电阻。通过组装负反馈放大器，测量负反馈放大器的开环放大倍数和闭环放大倍数，理解负反馈放大电路的作用，掌握负反馈放大电路原理与主要技术指标的测试方法。

知识链接

2.3.1　多级放大器

1. 多级放大器的组成及耦合方式

在很多情况下，单级放大电路的电压放大倍数不能满足要求。为此，要把放大电路的前一级输出接到后一级的输入，组成多级放大电路，使信号逐级放大到所需要的程度。多级放大电路中，级与级之间的连接方式称为耦合方式。

多级放大
电路的级间
耦合方式

（1）多级放大器的组成

多级放大器的组成可用图 2-27 所示的框图来表示。通常把与信号源相连接的第一级放大电路称为输入级，与负载相连接的末级放大电路称为输出级，输出级与输入级之间的放大电路称为中间级。输入级与中间级的位置处于多级放大电路的前几级，故称为前置级。前置级一般都属于小信号工作状态，主要进行电压放大；输出级属于大信号放大，以提供负载足够大的信号，常采用功率放大电路。

多级放大器的组成有以下要求：

1）保证信号在级与级之间能够顺利地传输过去。

图 2-27　多级放大器的组成框图

2）连接后仍能使各级放大器有正常的静态工作点。

3）信号在传递过程中失真要小，级间传输效率要高。

（2）多级放大电路的级间耦合方式

1）阻容耦合。图 2-28 是用电容 C_2 将两个单级放大电路连接起来的两级放大电路。可以看出，第一级输出信号是第二级的输入信号，第二级的输入电阻 R_{i2} 是第一级的负载。这种通过电容和下一级输入电阻连接起来的方式，称为阻容耦合。

阻容耦合的特点是：由于前、后级之间是通过电容相连的，所以各级的直流电路互不相通，每一级的静态工作点各自独立、互不影响，这样就给电路的设计、调试和维修带来很大的方便。而且只要耦合电容选得足够大，就可将前一级的输出信号在相应频率范围内几乎不衰减地传输到下一级，使信号得到充分利用。但是，它不能用于直流或缓慢变化信号的放大。此外由于集成电路制造工艺的原因，不能在内部制成较大容量的电容，所以阻容耦合不适用于集成电路。

2）变压器耦合。人们把级与级之间通过变压器连接的方式称为变压器耦合，其电路如图 2-29 所示。

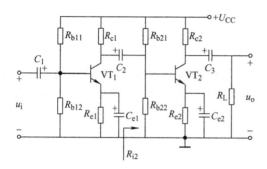

图 2-28　两级阻容耦合放大电路

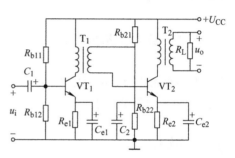

图 2-29　变压器耦合两级放大电路

同阻容耦合一样，变压器耦合的两级之间没有直流通路，因此静态工作点互相独立。变压器耦合的最大优点是可以实现阻抗变换，实现阻抗匹配，传输效率高。但由于变压器体积大而重，不便于集成，同时频率特性差，也不能传输直流和比较缓慢变化的信号，因此只有在高频放大电路，尤其是带有谐振回路的高频放大电路中还有用到。

3）直接耦合。前级的输出端直接与后级的输入端相连接的方式，称为直接耦合，其电路如图 2-30 所示。

直接耦合省去级间的耦合元件，不仅能放大交流信号，而且能放大直流信号以及缓慢变化的信号。由于电路中只有晶体管和电阻，便于集成，故直接耦合在集成电路中获得了广泛应用。但由于级间为直接耦合，所以前、后级静态工作点相互影响，相互牵制，且存在零点漂移问题。

2. 多级放大器的性能指标估算

(1) 电压放大倍数

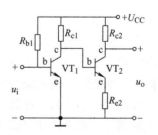

图 2-30　直接耦合两级放大电路

多级放大电路对放大信号而言，相当于串联，前一级的输出信号就是后一级的输入信号。所以，多级放大电路总的电压放大倍数为各级电压放大倍数的乘积，即

$$A_u = A_{u1}A_{u2}\cdots A_{un} \tag{2-35}$$

式中，n 为多级放大电路的级数。

在分立元器件放大电路中，计算末级以外各级的电压放大倍数时，应将后级的输入电阻

作为前一级的负载。如计算第一级的电压放大倍数时，其负载电阻就是第二级的输入电阻。

（2）输入电阻

多级放大电路的输入电阻 R_i，就是第一级的输入电阻 R_{i1}，即

$$R_i = R_{i1} \tag{2-36}$$

（3）输出电阻

多级放大电路的输出电阻等于最后一级（第 n 级）的输出电阻 R_{on}，即

$$R_o = R_{on} \tag{2-37}$$

2.3.2　负反馈放大器及应用

1. 反馈放大电路的组成

将放大电路输出信号（电压或电流）的一部分或全部，通过某些元器件或网络（称为反馈网络），反向送回到放大电路输入端的过程称为反馈。反馈到输入端的信号称为反馈信号，引导反馈信号的电路称为反馈网络，含有反馈的放大电路称为反馈放大电路，也叫闭环放大电路，而未引入反馈的放大电路，则称为开环放大电路。

反馈放大电路的组成

要识别一个电路是否存在反馈，主要是分析输出信号是否回送到输入端，即输入回路与输出回路是否存在反馈通路，或者说输出与输入之间有没有起联系作用的元器件或网络。

反馈放大电路的组成框图如图 2-31 所示。反馈放大电路由基本放大电路和反馈网络两部分组成。

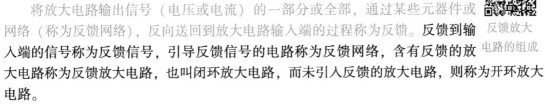

图中，A 表示开环放大电路（也叫基本放大电路），F 表示反馈网络。x_i 表示输入信号（电压或电流），x_o 表示输出信号，x_f 表示反馈信号，x_{id} 表示净输入信号。箭头表示信号传输方向。

图 2-31　反馈放大电路的组成框图

2. 反馈放大电路基本关系式

由图 2-31 可得，净输入信号为

$$x_{id} = x_i - x_f \tag{2-38}$$

开环放大倍数（或开环增益）为

$$A = x_o / x_{id} \tag{2-39}$$

反馈系数为

$$F = x_f / x_o \tag{2-40}$$

放大电路闭环后的闭环增益为

$$A_f = x_o / x_i$$

根据式（2-38）~式（2-40）可得

$$A_f = \frac{x_o}{x_i} = \frac{x_o}{x_{id} + x_f} = \frac{Ax_{id}}{x_{id} + AFx_{id}} = \frac{A}{1 + AF} \tag{2-41}$$

式（2-41）即为负反馈放大电路的一般表达式，它表明加入负反馈以后的闭环增益 A_f

是基本放大电路增益 A 的 $1/(1+AF)$，其中把 $1+AF$ 称为反馈深度，它的大小反映了反馈的强弱。$1+AF$ 越大，反馈越深，A_f 就越小。

如果 $|1+AF| \geqslant 1$，称为深度负反馈，此时式（2-41）可简化为

$$A_f = \frac{A}{1+AF} \approx \frac{A}{AF} = \frac{1}{F} \tag{2-42}$$

也就是说，当放大电路引入深度负反馈，其闭环增益仅与反馈系数有关，而与放大电路本身的参数无关。

3. 反馈的分类及判别方法

（1）正反馈和负反馈的判断

据反馈极性的不同，可将反馈分为正反馈和负反馈。反馈信号使放大电路的净输入信号增大，从而使放大电路的输出量比没有反馈时增大的反馈称为正反馈。相反，反馈信号使放大电路的净输入信号减小，结果使输出量比没有反馈时减小的反馈称为负反馈。

反馈极性通常采用瞬时极性法来判别。具体方法是：首先假定输入信号对地的瞬时极性为正，表明该点的瞬时电位升高，在图中用 ⊕ 表示，然后顺着信号的传输方向，逐级推出有关各点的瞬时极性（用"⊕"表示电位升高，用"⊖"表示电位降低），最后根据反馈信号与输入信号的连接情况，分析净输入量的变化，如果反馈信号使净入量增强，即为正反馈，反之为负反馈。

以晶体管共发射极放大电路为例，反馈极性判断如图 2-32 所示。

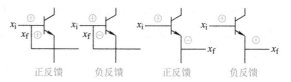

图 2-32　晶体管放大电路反馈极性判断

【例 2. 6】 判断图 2-33 所示电路中，R_{f1} 和 R_{f2} 引入反馈的极性。

解：（1）R_{f1} 引入反馈的极性。假设输入信号的瞬时极性为正，经 VT_1 放大后，VT_1 集电极输出信号为负；该信号送入 VT_2 基极，经 VT_2 放大后，VT_2 集电极输出信号为正；该信号再经 R_{f1} 反送至 VT_1 发射极。VT_1 发射极获得瞬时极性为正的反馈信号。因此，R_{f2} 引入的是负反馈。

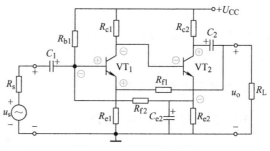

图 2-33　反馈极性判断

（2）R_{f2} 引入反馈的极性。假设输入信号的瞬时极性为正，经 VT_1 放大后，VT_1 集电极输出信号为负；该信号送入 VT_2 基极，经 VT_2 放大后，VT_2 发射极输出信号为负；该信号再经 R_{f2} 反送至 VT_1 基极。VT_1 基极获得瞬时极性为负的反馈信号。因此，R_{f1} 引入的是负反馈。

（2）直流反馈和交流反馈的判断

按反馈性质的不同，可将反馈分为直流反馈和交流反馈。在放大电路的直流通路中存在的反馈称为直流反馈，在放大电路的交流通路中存在的反馈称为交流反馈，直流负反馈主要用来稳定电路的静态工作点，交流负反馈可以改善放大器的动态性能。

判断方法是电容观察法。若反馈通路中有隔直电容，则为交流反馈；若反馈通路中有旁

路电容，则为直流反馈；若反馈通路中无电容，则为交直流反馈。

图 2-33 中，R_{f1} 构成的反馈通路中由于有隔直电容 C_2，所以为交流反馈；R_{f2} 构成的反馈通路中由于有旁路电容 C_1，所以为直流反馈。

（3）电压反馈和电流反馈的判断

电压反馈还是电流反馈是按照反馈信号在放大器输出端的取样方式来分类的。若反馈信号取自输出电压，即反馈信号与输出电压成比例，称为电压反馈；若反馈信号取自输出电流，即反馈信号与输出电流成比例，称为电流反馈。

判断方法是：假设输出端的负载短路，这时如果反馈信号依然存在（不为零），则是电流反馈；如果反馈信号消失（为零），则是电压反馈。也可根据反馈网络与输出端的接法加以判断，若反馈信号与输出信号取自同一点，为电压反馈；若反馈信号与输出信号取自不同点，则为电流反馈。

图 2-33 中，输出电压取自 VT_2 集电极，R_{f1} 引导的反馈网络的反馈信号也取自 VT_2 集电极，与输出信号取自同一点，是电压反馈；R_{f2} 引导的反馈网络的反馈信号取自 VT_2 发射极，与输出信号取自不同点，是电流反馈。

（4）并联反馈和串联反馈的判断

按基本放大电路输入端与反馈网络输出端之间的连接方式，反馈可分为并联反馈和串联反馈。

如图 2-34a 所示，串联反馈中，反馈信号与输入信号串联后加至放大电路的输入端，反馈信号在输入端以电压相加减形式出现，即放大电路的净输入信号 $u_{id} = u_i \pm u_f$。

如图 2-34b 所示，并联反馈中，反馈信号与输入信号并联后加至放大电路的输入端，反馈信号在输入端以电流相加减形式出现，即放大电路的净输入信号 $i_{id} = i_i \pm i_f$。

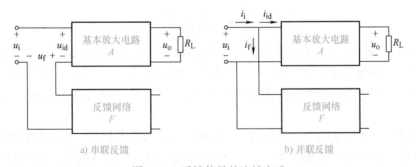

a) 串联反馈   b) 并联反馈

图 2-34 反馈信号的连接方式

判断方法是：看输入端，若反馈信号与输入信号是在输入端的同一个节点引入，反馈信号与输入信号必为电流相加减，为并联反馈；若反馈信号与输入信号不在同一个节点引入，为串联反馈。

图 2-33 中，信号从 VT_1 基极送入，R_{f1} 引导的反馈网络的反馈信号从 VT_1 发射极送入，与输入信号不在同一个点引入，为串联反馈；R_{f2} 引导的反馈网络的反馈信号也从 VT_1 基极送入，与输入信号在同一个点引入，所以为并联反馈。

综合以上分析，在图 2-33 所示电路中，R_{f1} 引入的是电压串联交流负反馈，R_{f2} 引入的是电流并联直流负反馈。

【例 2.7】 反馈放大电路如图 2-35 所示，试判别其反馈类型。

解： 电路中 R_f 为反馈元件。输入信号加在集成运放反相输入端，利用瞬时极性法，假设输入端瞬时极性为 ⊕，则输出电压 u_o 瞬时极性为 ⊖，经 R_f 反馈到 u_- 为 ⊖，净输入信号减小，为负反馈。

对于输入端，由于输入信号和反馈信号在同一节点输入，所以为并联反馈。

对于输出端，假设 R_L 短路，反馈信号则为零，所以为电压反馈。

因此，图 2-35 所示电路反馈类型为电压并联负反馈。

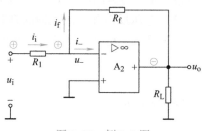

图 2-35　例 2.7 图

2.3.3　负反馈对放大电路性能的影响

1. 提高电路增益的稳定性

用放大倍数相对变化量的大小来表示放大倍数稳定性的优劣，相对变化量越小，稳定性越好。在式（2-41） $A_f = \dfrac{A}{1 + AF}$ 中，对 A 求导得

$$\frac{\mathrm{d}A_f}{\mathrm{d}A} = \frac{1}{(1 + AF)^2}$$

$$\mathrm{d}A_f = \frac{\mathrm{d}A}{(1 + AF)^2}$$

则闭环放大倍数的相对变化量为

$$\frac{\mathrm{d}A_f}{A_f} = \frac{1}{1 + AF} \cdot \frac{\mathrm{d}A}{A} \tag{2-43}$$

式（2-43）表明：引入负反馈后，放大电路的闭环放大倍数的相对变化量 $\mathrm{d}A_f/A_f$ 是未引入负反馈时的相对变化量 $\mathrm{d}A/A$ 的 $1/(1 + AF)$，即电路引入负反馈后，虽然放大倍数下降为 $1/(1 + AF)$，但是其稳定性提高为开环时的 $(1 + AF)$ 倍，而且负反馈越深，闭环放大倍数越稳定。

【例 2.8】 某放大电路的放大倍数 $A = 1000$，当引入负反馈后，放大倍数稳定性提高到原来的 100 倍。求：（1）反馈系数；（2）闭环放大倍数；（3）A 变化 ±10% 时闭环放大倍数的相对变化量。

解： （1）由题意可得 $1 + AF = 100$，则反馈系数为

$$F = \frac{100 - 1}{A} = \frac{99}{1000} = 0.099$$

（2）闭环放大倍数为

$$A_f = \frac{A}{1 + AF} = \frac{1000}{100} = 10$$

（3）A 变化 ±10% 时闭环放大倍数的相对变化量为

$$\frac{\mathrm{d}A_f}{A_f} = \frac{1}{100} \times \frac{\mathrm{d}A}{A} = \frac{1}{100} \times (\pm 10\%) = \pm 0.1\%$$

2. 减少非线性失真

当放大电路的输入端加上正弦交流信号时，对于理想的放大电路来说，输出波形应与输入波形一致。但是由于晶体管的放大倍数在整个波形的正、负半周幅度不一致，会产生非线性失真。由于晶体管特性的非线性，当输入信号较大时，就会出现失真，其输出端得到了正、负半周不对称的失真信号，称为非线性失真信号，如图2-36a所示。

当电路中引入负反馈后，反馈网络一般由线性元件构成，所以反馈信号正比于输出信号，即反馈信号 u_f 的波形与输出信号 u_o 的波形相似，也是正半周幅度大、负半周幅度小。由于引入的是负反馈，所以 $u_{id} = u_i - u_f$，使净输入电压带有相反的失真，即正半周幅度小、负半周幅度大。这种带有预失真的净输入电压经过该放大器放大后，正好弥补了放大电路的缺陷，使原来的非线性失真得到一定程度的矫正。负反馈对非线性失真的改善如图2-36b所示。

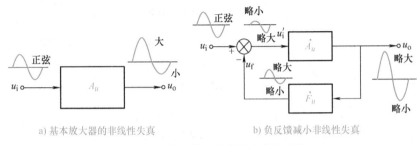

a) 基本放大器的非线性失真   b) 负反馈减小非线性失真

图2-36 负反馈对非线性失真的改善

必须指出，负反馈只能减小放大电路内部引起的非线性失真，对于信号本身固有的失真则无能为力。此外，负反馈只能减小而不能完全消除非线性失真。

3. 扩展通频带

放大电路引入负反馈后放大倍数的下降程度与开环放大倍数 A 有关。在阻容耦合放大电路中，中频段放大倍数较大，引入负反馈后，闭环放大倍数下降得较多；而低频段和高频段放大倍数较小，引入负反馈后，闭环放大倍数也下降得较少。这样，低、中、高三个频段上的放大倍数就会比较均匀，频率响应特性曲线变得平坦，因此负反馈放大电路的下限频率和上限频率会向更低或更高的频率扩展，如图2-37所示。

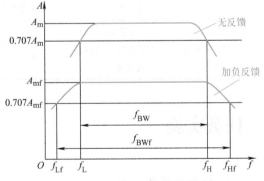

图2-37 负反馈对同频带的影响

4. 改变输入电阻和输出电阻

根据不同的反馈类型，负反馈对放大电路的输入电阻、输出电阻有不同的影响。

负反馈对输入电阻的影响取决于反馈信号在输入端的连接形式。在串联负反馈电路中，反馈信号与输入信号串联，相当于原开环放大电路的输入电阻与反馈网络各电阻串联，即使放大电路的输入电阻增大；在并联负反馈电路中，反馈信号与输入信号并联，相当于原开环放大电路的输入电阻与反馈网络各电阻并联，即使放大电路的输入电阻减小。

加入电压负反馈放大电路的输出电阻，相当于原开环放大电路的输出电阻与反馈网络电阻并联，即使放大电路的输出电阻减小；加入电流负反馈放大电路的输出电阻，相当于原开环放大电路的输出电阻与反馈网络电阻串联，即使放大电路的输出电阻增大。

综上所述，可归纳出各种反馈类型、定义、判别方法和对放大电路的影响，见表2-6。

表2-6　放大电路中的反馈类型、定义、判别方法和对放大电路的影响

	反馈类型	定义	判别方法	对放大电路的影响
1	正反馈	反馈信号使净输入信号加强	反馈信号与输入信号作用于同一个节点时，瞬时极性相同；作用于不同节点时，瞬时极性相反	使放大倍数增大，电路工作不稳定
	负反馈	反馈信号使净输入信号削弱	反馈信号与输入信号作用于同一个节点时，瞬时极性相反；作用于不同节点时，瞬时极性相同	使放大倍数减小，且改善放大电路的性能
2	直流负反馈	反馈信号为直流信号	反馈信号两端并联电容	能稳定静态工作点
	交流负反馈	反馈信号为交流信号	反馈支路串联电容	能改善放大电路的性能
3	电压负反馈	反馈信号从输出电压取样，即与输出电压成正比	反馈信号通过元件连线从输出电压端取出，或使负载短路，反馈信号将消失	能稳定输出电压，减小输出电阻
	电流负反馈	反馈信号从输出电流取样，即与输出电流成正比	反馈信号与输出电压无联系，或将负载短路，反馈信号依然存在	能稳定输出电流，增大输出电阻
4	串联负反馈	反馈信号与输入信号在输入端以串联形式出现	输入信号与反馈信号在不同节点引入（如晶体管 b 极和 e 极或运放的反相端和同相端）	增大输入电阻
	并联负反馈	反馈信号与输入信号在输入端以并联形式出现	输入信号与反馈信号在同一节点引入	减小输入电阻

任务实施

1. 设备与器件

模拟电子实训台（或面包板）、万用表1块、双踪示波器1台、信号发生器1台，各元器件具体参数和型号如图2-38所示，图中 VT_1、VT_2 为晶体管9013。

2. 任务实施过程

（1）连接电路

按照图2-38所示实验电路原理图正确连接电路。

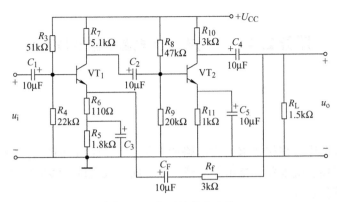

图 2-38　负反馈放大电路

（2）静态工作点的测量

去掉输入信号 u_i，并将两输入端短路接地，然后用万用表测量电压 V_{B1}、V_{C1}、V_{E1}、V_{B2}、V_{C2} 及 V_{E2}，填入表 2-7。

表 2-7　负反馈放大电路的静态工作点　　　　　　　　　　　　　　　（单位：V）

V_{B1}	V_{C1}	V_{E1}	V_{B2}	V_{C2}	V_{E2}

（3）负反馈放大电路放大倍数影响的测量

将函数信号发生器的正弦输出连接到放大电路的输入端，调节函数信号发生器的频率为 1kHz，电压 $U_i = 2mV$。拆掉负反馈连线，观察示波器的波形，保证 u_o 不失真，若失真可以适当减小 u_i。用毫伏表测量此时的 U_i 和 U_o，计算开环电压放大倍数，并填入表 2-8 中。

保持 u_i 不变，连接负反馈连线，用毫伏表测量此时的 U_o，计算闭环电压放大倍数，并填入表 2-8 中。

表 2-8　负反馈对电压放大倍数的影响

测试条件	开环	闭环
U_i/V		
U_o/V		
A_u		

3. 任务考核

1）测试任务中引入的负反馈类型是_____（电压/电流）_____（并联/串联）_____（正反馈/负反馈）。

2）开环与闭环相比较，电压放大倍数_____（变大/变小），输入电阻_____（变大/变小），输出电阻_____（变大/变小）。

3）如果输入信号存在失真，_____（能/不能）用负反馈来进行改善。

任务 2.4　功率放大电路的组装与测试

任务导入

在实用电子电路中，往往要求放大电路的末级（输出级）输出有足够大的信号功率去驱动负载，如扬声器、继电器、指示表头等。能够向负载提供足够信号功率的放大电路称为功率放大电路，简称功放。

功率放大电路的用途广泛，从能量控制和转换的角度看，功率放大电路与其他放大电路在本质上没有根本的区别，都是能量转换电路，功率放大电路只是在电源电压确定的情况下，不失真地放大信号功率，通常是在大信号状态下工作。

任务描述

通过连接和测试电路，了解功率放大电路特点和性能指标；掌握各类互补对称放大电路的工作原理；熟悉 OTL、OCL 功放电路的功率及效率的估算；能利用仪器仪表进行各类性能指标的测试。

知识链接

2.4.1　功率放大电路的特点及分类

1. 功率放大电路的特点和要求

电子设备中的放大器一般由前置放大器和功率放大器组成，如图 2-39 所示。前置放大器的主要任务是不失真地提高输入信号的电压和电流的幅度，而功率放大器的任务是在信号失真允许的范围内，尽可能输出足够大的信号功率，即不但要输出大的信号电压，还要输出大的信号电流，以满足负载正常工作的要求。

功率放大器要求满足输出功率大、效率高、非线性失真小等特点，电路中担任功率放大任务的晶体管（也称功放管）一般都

图 2-39　放大器电路的组成框图

工作在大信号状态，基本上接近于功放管参数的极限状态，所以选择功放管时要注意不要超过功放管的极限参数，并留有一定的余量，同时要考虑在电路中采取必要的过电压、过电流保护措施和功放管的散热问题，以确保功放管的安全工作。

从能量控制的观点来看，功率放大电路与电压放大电路都属于能量转换电路，都是将电源的直流功率经微弱信号控制转换成负载上的交流功率。但它们具有各自的特点：低频电压

放大电路工作在小信号状态，动态工作点的摆动范围小，非线性失真小，可用微变等效电路法分析、计算电压放大倍数、输入电阻、输出电阻等，一般不讨论输出功率。而功率放大器是在大信号情况下工作，具有动态工作范围大的特点，通常采用图解法进行分析，分析的主要指标是输出功率、电源效率等。

2. 功率放大电路的分类

按照晶体管工作状态不同，功率放大电路可分为甲类、甲乙类、乙类三种，功放管在上述三类工作状态下相应的静态工作点位置及波形分别如图2-40所示。

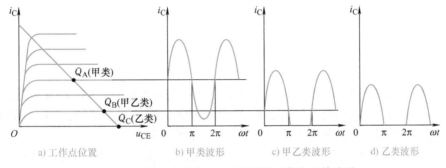

a) 工作点位置　　b) 甲类波形　　c) 甲乙类波形　　d) 乙类波形

图2-40　各类功率放大电路的静态工作点及其波形

甲类功率放大电路的工作点设置在放大区的中间，这种电路的优点是在输入信号的整个周期内，晶体管都处于正向偏置的导通状态，输出信号失真较小；缺点是不论有无信号，始终有较大的静态工作电流 I_{CQ}，消耗一定的电源功率，故效率较低，理想情况下仅为50%，如图2-40b所示。

乙类功率放大电路的工作点设置在截止区，由于晶体管的静态电流 $I_{CQ}=0$，所以效率最高，可达78.5%。但晶体管只在半个周期内导通，因此非线性失真大，如图2-40d所示。

甲乙类功率放大电路的工作点设置在放大区，但接近截止区，I_{CQ}稍大于零。静态时，晶体管处于微导通状态，其效率比乙类稍低，远高于甲类，如图2-40c所示。

根据放大信号的频率不同，功率放大电路可分为低频功率放大电路和高频功率放大电路。本任务仅讨论低频功率放大电路。

2.4.2　双电源互补对称功率放大电路

1. 电路组成

双电源互补对称功率放大电路简称OCL电路。在图2-41a中，VT_1、VT_2 分别为特性参数相同的 NPN 型和 PNP 型晶体管，两管均接成射极输出电路以增强带负载能力。

2. 电路性能分析

（1）静态分析

静态时，两晶体管零偏而截止，静态电流为零，无管耗，电路属于乙类工作状态。由于两晶体管特性对称，所以输出端的静态电压为零。

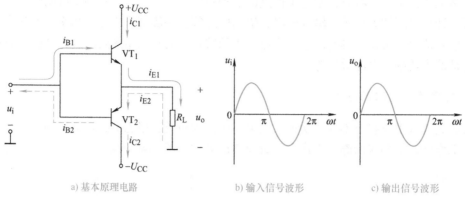

| a) 基本原理电路 | b) 输入信号波形 | c) 输出信号波形 |

图 2-41　OCL 基本原理电路及信号波形

（2）动态分析

设输入信号为如图 2-41b 所示正弦电压 u_i，在 u_i 的正半周时，VT_1 的发射结正偏导通，VT_2 发射结反偏截止。各极电流如图 2-41a 中实线所示；在 u_i 的负半周，VT_1 发射结反偏截止，VT_2 发射结正偏导通，各极电流如图 2-41a 中虚线所示。

VT_1、VT_2 分别在正、负半周轮流工作，使负载 R_L 获得一个完整的正弦波信号电压，如图 2-41c 所示。这种电路的结构对称，两管互相补偿，轮流导通工作，故称为互补对称电路或互推挽电路。

3. 电路性能参数计算

（1）最大输出功率 P_{om}

在输入正弦信号作用下，忽略电路失真时，在输出端获得的电压和电流均为正弦信号，输出功率 P_o 等于输出电压与输出电流的有效值乘积，即

$$P_o = I_o U_o = \frac{1}{2} I_{om} U_{om} = \frac{U_{om}^2}{2R_L} \tag{2-44}$$

当晶体管进入临界饱和时，输出电压 U_{om} 最大，$U_{om} = U_{CC} - U_{CES} \approx U_{CC}$，则获得的最大输出功率为

$$P_{om} = \frac{U_{om}^2}{2R_L} = \frac{(U_{CC} - U_{CES})^2}{2R_L} \approx \frac{U_{CC}^2}{2R_L} \tag{2-45}$$

（2）直流电源供给功率 P_V

两个电源各提供半个周期的电流，故每个电源提供的平均电流为

$$I_{AV} = \frac{1}{2\pi} \int_0^\pi I_{om} \sin\omega t \, d(\omega t) = \frac{I_{om}}{\pi} = \frac{U_{om}}{\pi R_L}$$

因此正负电源供给的直流功率为

$$P_V = 2I_{AV} U_{CC} = \frac{2}{\pi} U_{CC} I_{om} = \frac{2U_{CC} U_{om}}{\pi R_L} \tag{2-46}$$

（3）管耗 P_C

由于 VT_1、VT_2 各导通半个周期，且两管对称，故两管的管耗是相同的，每只晶体管的平均管耗为

$$P_{C1} = \frac{1}{2}(P_V - P_O) = \frac{1}{R_L}\left(\frac{U_{CC}U_{om}}{\pi} - \frac{U_{om}^2}{4}\right) \tag{2-47}$$

当 $U_{om} \approx U_{CC}$ 时，输出最大功率，管耗为 $P_{C1} \approx 0.137P_{om}$。

当 $U_{om} = \frac{2}{\pi}U_{CC}$ 时，出现最大管耗为

$$P_{Cm1} \approx 0.2P_{om}$$

（4）效率

$$\eta \approx \frac{P_o}{P_V} = \frac{\pi}{4} \cdot \frac{U_{om}}{U_{CC}} \tag{2-48}$$

当电路输出最大功率时，$U_{om} \approx U_{CC}$，效率最大为

$$\eta_m = \frac{\pi}{4} \approx 78.5\%$$

4. 功放管的选择

功放管的极限参数有 P_{CM}、I_{CM}、$U_{(BR)CEO}$，应满足下列条件：

（1）功放管集电极的最大允许功耗

$$P_{CM} \geqslant P_{Cm1} = 0.2P_{om} \tag{2-49}$$

（2）功放管的最大耐压 $U_{(BR)CEO}$

在该电路中，一只功放管饱和导通时，另一只功放管承受的最大反向电压为 $2U_{CC}$，即

$$U_{(BR)CEO} \geqslant 2U_{CC} \tag{2-50}$$

（3）功放管的最大集电极电流

$$I_{CM} \geqslant \frac{U_{CC}}{R_L} \tag{2-51}$$

5. 交越失真

对于乙类互补对称功率放大电路，在静态时，由于 VT_1、VT_2 均为零偏，在输入信号电压经过零点的附近，总会有一段信号的幅值低于 VT_1、VT_2 的死区电压，两管处于截止状态，输出电压为零，出现了失真，如图 2-42 所示。由于此失真发生在信号正负交替变化处，故称为交越失真。

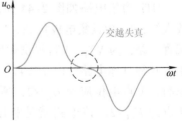
交越失真

为了消除交越失真，只需给 VT_1、VT_2 提供一个合适的静态偏置，组成甲乙类互补对称功放电路，使两管处于微导通状态。

6. 甲乙类 OCL 功放电路

甲乙类 OCL 功放电路如图 2-43 所示。图中，VT_3 组成电压放大级，R_c 为集电极负载电阻，VD_1、VD_2 正偏导

图 2-42 交越失真波形

通，和 R_P 一起为 VT_1、VT_2 提供正向偏置电压，使 VT_1、VT_2 在静态时处于微导通状态，即处于甲乙类工作状态。此外，VD_1、VD_2 还有温度补偿作用，使 VT_1、VT_2 管的静态电流基本不随温度的变化而变化。

输入交流信号时，由于二极管的动态电阻很小，可以忽略不计，其工作原理与乙类 OCL 功放类似，输出功率、效率和管耗等参数的计算也与乙类 OCL 功放相似。

【例 2.9】 甲乙类 OCL 功放电路如图 2-43 所示，$U_{CC} = 12V$，$R_L = 35\Omega$，两只管子的 $U_{CES} = 2V$。试求：（1）最大不失真输出功率；（2）电源供给的功率；（3）最大输出功率时的效率；（4）若电路中 VD_1 或 VD_2 开路，可能出现什么问题？

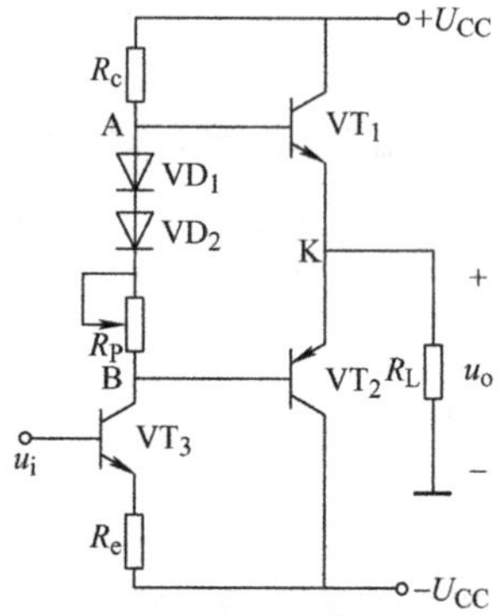

解：（1）求最大不失真输出功率 P_{om}

$$P_{om} = \frac{1}{2} \cdot \frac{(U_{CC} - U_{CES})}{R_L} \approx 1.43W$$

（2）求电源供给的功率 P_V

$$P_V = \frac{2U_{CC}U_{om}}{\pi R_L} = \frac{2U_{CC}(U_{CC} - U_{CES})}{\pi R_L} \approx 2.2W$$

（3）求最大输出功率时的效率 η_m

$$\eta_m = \frac{\pi}{4} \cdot \frac{U_{CC} - U_{CES}}{U_{CC}} \approx 65\%$$

图 2-43　甲乙类 OCL 功放电路

（4）若电路中 VD_1 或 VD_2 开路，则从 $+U_{CC}$ 经 R_c、VT_1 管的发射结、VT_2 管的发射结、VT_3 集电极–发射极、R_e 到 $-U_{CC}$ 形成一个通路，有较大的基极电流 I_{B1} 和 I_{B2} 流过，使 VT_1、VT_2 管基极电流大大增加，因功耗过大而损坏，因此常在输出回路中串接熔断器以保护功放管和负载。

2.4.3　单电源互补对称功率放大电路

OCL 电路具有线路简单、效率高等特点，但要采用双电源供电，给使用和维修带来不便。为了克服这一缺点，可采用单电源供电的互补对称功率放大电路，只需在两个功放管的发射极与负载之间接入一个大容量的电容 C_2 构成 OTL 功放电路。

1. 电路组成及工作原理

OTL 功放电路如图 2-44 所示，VT_3 组成电压放大级，R_{c1} 为其集电极负载。VD_1、VD_2 为二极管偏置电路，为 VT_1、VT_2 提供偏置电压。VT_1、VT_2 组成互补对称电路。由于 VT_1、VT_2 特性对称，静态时，A 点电位应为 $U_{CC}/2$，所以电容 C_2 上的电压也为 $U_{CC}/2$。该电路就是利用大电容的储能作用，来充当另一组电源 $-U_{CC}$，使电路完全等同于双电源时的情况。此外，C_2 还有隔直作用。电路中，VT_3 的偏置由输出 A 点电压通过 R_P 和 R_1 提供，组成电压并联直流负反馈组态，稳定静态工作点。

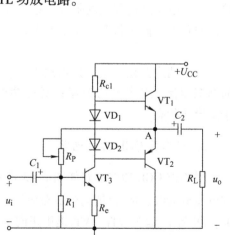

图 2-44　OTL 功放电路

该电路工作原理与 OCL 电路相似，在输入信号电压的负半周，经 VT_3 倒相放大，VT_3 集电极电压瞬时极性为正，VT_1 正偏导通，VT_2 反偏截止。经 VT_1 放大后的电流经 C_2 送给负载 R_L，且对 C_2 充电。R_L 上获得正半周电压。

在输入信号电压的正半周，经 VT_3 倒相放大，VT_3 集电极电压瞬时极性为负，VT_1 反偏截止，VT_2 正偏导通。C_2 放电，经 VT_2 放大后的电流由该管集电极经 R_L 和 C_2 流回发射极，负载 R_L 上获得负半周电压。

输出电压 u_o 的最大幅值约为 $U_{CC}/2$。

2. 电路性能参数计算

OTL 电路与 OCL 电路相比，每只功放管实际工作电源电压不是 U_{CC}，而是 $U_{CC}/2$，因此，在计算 OTL 电路的主要性能指标时，将 OCL 电路计算公式中的参数 U_{CC} 全部改为 $U_{CC}/2$ 即可。

任务实施

1. 设备与器件

电工电子实验台、直流稳压电源、双踪示波器、小功率晶体管 8050 和 8550、二极管 1N4001、$R_1 = R_2 = 1\text{k}\Omega$、$R_L = 1\text{k}\Omega$、$R_P = 10\text{k}\Omega$。

2. 任务实施过程

（1）连接电路

按照实验电路原理图图 2-45 正确连接电路，连接电路前先检测元器件的好坏。

（2）调整直流工作状态

将 ±15V 双路直流稳压电源接入电路，令 $u_i = 0$，配合调节 R_P，用万用表分别测量 A、B、C 点的电位，使 $V_C = U_{CC}/2$，U_{AB} 等于 VT_1、VT_2 两管死区电压之和。

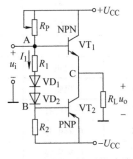

图 2-45　双电源互补对称功放电路

（3）观察并消除交越失真现象

将电路中 A、B 两点用导线短路，在输入端加入 $f = 1\text{kHz}$ 的正弦信号，调整输入信号幅度，用示波器测量输出电压并观察输出波形。

将 A、B 间短路线断开，再观察输出波形，与断开前的波形对照，分析原因。将测量结果填入表 2-9 中。

表 2-9　双电源互补对称功放电路测试表

$f = 1\text{kHz}$							
A、B 断路				A、B 短路			
u_i 测量值		u_o 测量值		u_i 测量值		u_o 测量值	
u_{i1}	u_{i2}	u_{o1}	u_{o2}	u_{i1}	u_{i2}	u_{o1}	u_{o2}

3. 任务考核

1）对于 OCL 电路，其静态工作点设置在_____状态，以克服交越失真。

2）若电路中 VD_1 或 VD_2 虚焊，则 VT_1、VT_2 管可能_____。

项目制作 简易助听器的设计与制作

1. 设备与器件

主要包括直流电源、函数信号发生器、示波器、交流毫伏表、直流电压表、直流毫安表、万用表等。简易助听器的制作所需的元器件（材）明细表见表 2-10。

表 2-10 元器件明细表

序号	名称	元器件标号	规格型号	数量
1	晶体管	$VT_1 \sim VT_4$	9015	4
2	电阻	R_1	2.2kΩ	1
3	电阻	R_2	51kΩ	1
4	电阻	R_3、R_5、R_8	1.5kΩ	3
5	电阻	R_4	47kΩ	1
6	电阻	R_6	270Ω	1
7	电阻	R_7	33kΩ	1
8	电阻	R_9	100Ω	1
9	电阻	R_{10}	39kΩ	1
10	电解电容	C_1	1μF/16V	1
11	电解电容	C_2	100μF/16V	1
12	电解电容	$C_3 \sim C_5$	10μF/16V	3
13	耳机	BE	8Ω	1
14	其他	BM 驻极体电容式传声器、1.5V 电池 3 节、电池夹、屏蔽线、印制电路板		

2. 电路分析

简易助听器电路如图 2-2 所示，传声器（微型话筒）BM 将接收到的微弱声音信号转换为电信号，经四级音频放大电路放大，再由耳机 BE 进行声电转换后，耳机中就可以听到放大信号洪亮的声音。信号通道如下：声音信号→BM→C_1→VT_1→C_3→VT_2→C_4→VT_3→C_5→VT_4→BE。

3. 任务实施过程

（1）元器件的识别与检测

1）电阻的简单测试。电阻的检测，主要是利用万用表的电阻档来测量电阻的电阻值，将测量值与标称阻值对比，从而判断电阻是否能够正常工作，是否断路、短路及老化。

2）电解电容的检测。对电解电容的性能检测，最主要的是对容量和漏电阻的测量。对正、负极标志脱落的电容，还应进行极性判别。

3）驻极体电容式传声器的检测。将万用表拨到 $R \times 100$ 档，黑表笔接传声器芯线，红表笔接引出线金属网。此时，万用表的指针应在一定刻度上。对传声器吹气，如果指针摆动，说明传声器完好；如果无反应，说明该传声器已经损坏；如果电阻无穷大，说明传声器内部可能开路；如阻值为零，则说明内部短路。

（2）电路的焊接与装配

根据印制电路板的设计尺寸要求，对元器件进行整形处理，然后进行相应的安装（立式或卧式），最后进行焊接。

按图2-46所示电路组装。装配工艺要求如下：

1）电阻器采用水平紧贴电路板的安装方式。电阻器标记朝上，色环电阻的色环标志顺序方向一致。

2）晶体管采用立式安装方式，注意晶体管的管脚极性。

3）电容采用垂直安装方式，底部离电路板 $2 \sim 5mm$，注意电解电容的极性。

4）插件装配要美观、均匀、端正、整齐，不能歪斜，要高矮有序。焊接时焊点要圆滑、光亮，要保证无虚焊和漏焊。所有焊点均采用直插焊，焊接后剪脚，留引脚头在焊面以上 $0.5 \sim 1mm$。

5）导线的颜色要有所区别，例如，正电源用红线，负电源用蓝线，地线用黑线，信号线用其他颜色的线。

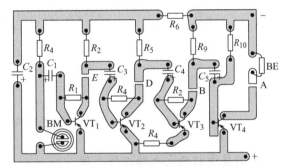

图2-46　简易助听器焊接原理图

6）电路安装完毕后不要急于通电，先要认真检查电路连接是否正确，各引线、各连线之间有无短路，外装的引线有无错误。

（3）整机调试

1）检查元器件及连线安装焊接正确无误后，接通电源试听，同时检查电路的工作情况。

2）检测各级电流：将万用表拨到电流档，分别串于VT$_4$、VT$_3$、VT$_2$、VT$_1$ 的集电极，由后向前逐级测出其电流值，分别应为5mA、0.5mA、0.45mA、0.4mA左右。

3）检测整机电流：测电源回路中的电流。

4）检测各晶体管电极电压，并判断其工作状态。

知识拓展　　共集电极放大电路

1. 共集电极放大电路组成

共集电极放大电路（简称共集电路）的原理电路和交流通路如图2-47a、c所示。从交流通路中可以看出，信号从基极输入，从发射极输出，集电极是输入、输出回路的公共端，共集电极电路因此而得名。由于其负载 R_L 接在发射极上，被放大的信号从发射极输出，所以又称为射极输出器。

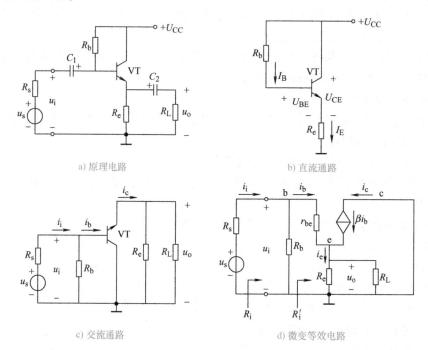

a) 原理电路　　　　　　　　　　　　b) 直流通路

c) 交流通路　　　　　　　　　　　　d) 微变等效电路

图 2-47　共集电极放大电路

2. 共集电极放大电路工作原理

电源 U_{CC} 给晶体管 VT 的集电结提供反偏电压，又通过基极偏置电阻 R_b 给发射结提供正偏电压，使晶体管 VT 工作在放大区。输入信号电压 u_i 通过输入耦合电容 C_1 加到晶体管 VT 的基极，输出信号电压 u_o 从发射极通过输出耦合电容 C_2 送到负载 R_L 上。

3. 共集电极放大电路静态分析

直流通路如图 2-47b 所示，可列出基极回路（$U_{CC}{\rightarrow}R_b{\rightarrow}$b 极 $\rightarrow$e 极 $\rightarrow R_e{\rightarrow}$地）的方程分别为

$$U_{CC} = I_C R_b + U_{BE} + I_E R_e$$

$$I_E = (1 + \beta) I_B$$

$$I_B = \frac{U_{CC} - U_{BE}}{R_b + (1 + \beta) R_e} \approx \frac{U_{CC}}{R_b + (1 + \beta) R_e} \qquad (2\text{-}52)$$

由式（2-52）可知，改变偏置电阻 R_b 的大小可以调节偏置电流 I_B。

$$I_C = \beta I_B \qquad (2\text{-}53)$$

$$U_{CE} = U_{CC} - I_E R_e \approx U_{CC} - I_C R_e \qquad (2\text{-}54)$$

电路中，当 U_{CC}、R_b、R_e 一定时，偏置电流 I_B 就被设定，U_{CE} 值也就确定。根据 U_{CE} 值可判定晶体管工作状态。R_e 还有稳定静态工作点的作用，当 I_C 因温度升高而增大时，R_e 上

的压降（$I_E R_e$）上升，导致 U_{BE} 下降，牵制了 I_C 的上升。

4. 共集电极放大电路性能指标估算

图 2-47a 所示电路的微变等效电路如图 2-47d 所示，令 $R_L' = R_e /\!/ R_L$。

（1）电压放大倍数

输入电压 u_i 为

$$u_i = i_b r_{be} + i_e R_L' = i_b \left[r_{be} + (1+\beta) R_L' \right]$$

输出电压 u_o 为

$$u_o = i_e R_L' = (1+\beta) i_b R_L'$$

电压放大倍数为

$$A_u = \frac{u_o}{u_i} = \frac{(1+\beta) R_L'}{r_{be} + (1+\beta) R_L'} \tag{2-55}$$

一般有 $(1+\beta) R_L' \gg r_{be}$，故 $A_u \approx 1$。所以输出电压接近输入电压，两者的相位相同，故射极输出器又称为射极跟随器。

（2）输入电阻 R_i

从微变等效电路可求得

$$R_i = R_b /\!/ R_i' \quad R_i' = \frac{u_i}{i_i} = \frac{i_b r_{be} + (1+\beta) i_b R_L'}{i_b} = r_{be} + (1+\beta) R_L'$$

$$R_i = R_b /\!/ R_i' = R_b /\!/ \left[r_{be} + (1+\beta) R_L' \right] \tag{2-56}$$

射极输出器输入电阻很大，一般为几十千欧至几百千欧。

（3）输出电阻 R_o

利用含受控源电路求等效电阻的方法可得其表达式为

$$R_o = \frac{u_o}{i_o} = R_e /\!/ \left(\frac{r_{be} + R_s'}{1+\beta} \right) \approx \frac{r_{be} + R_s'}{1+\beta} \tag{2-57}$$

式中，$R_s' = R_s /\!/ R_b$，射极输出器的输出电阻很小，通常为几十欧姆。

5. 共集电极放大电路的特点及应用

在多级放大电路中，共集电极放大电路可以作为输入级、输出级或中间级。作为输入级，由于共集电极放大电路的输入电阻高，使信号源内阻上的压降相对来说比较小，可以得到较高的输入电压，同时，减小信号源提供的信号电流，可减轻信号源的负担。作为输出级，由于共集电极放大电路的输出电阻低，当负载电流变动较大时，其输出电压下降很小，从而提高整个放大电路的带负载能力。作为中间隔离级，在多级放大电路中，将共集电极放大电路接在两级共发射极放大电路中间，利用其输入电阻高的特点，提高前一级的负载电阻，进而提高前一级的电压放大倍数；利用其输出电阻低的特点，以减小作为后一级信号源的内阻，使后级电压放大倍数也得到提高，隔离了级间的相互影响。

项 目 小 结

1. 晶体管有 NPN 型、PNP 型两大类。$I_E = I_B + I_C$，它的输入特性曲线与二极管类似，输出特性曲线分为饱和、放大、截止、击穿四个区，NPN 型晶体管的三种工作状态见表2-11。

表 2-11　NPN 型晶体管的三种工作状态表

	外加偏置	电压 u_{BE}	电流 i_C	电压 u_{CE}
放大状态	发射结正偏 集电结反偏	硅管 $0.6 \sim 0.7V$ 锗管 $0.2 \sim 0.3V$	$\Delta i_C \approx \beta \Delta i_B$（受控） i_B 一定时，i_C 恒流	$u_{CE} > u_{BE}$ $u_{CE} > 1V$
饱和状态	发射结正偏 集电结正偏	硅管 $u_{BE} \geqslant 0.7V$ 锗管 $u_{BE} \geqslant 0.3V$	$\Delta i_C \neq \beta \Delta i_B$ i_C 不随 u_{CE} 的增加而增大	$u_{CE} \leqslant u_{BE}$ 硅管 $U_{CES} \approx 0.3V$ 锗管 $U_{CES} \approx 0.1V$
截止状态	发射结零偏 或反偏 集电结反偏	$u_{BE} \leqslant 0V$ （或 $u_{BE} \leqslant U_{th}$）	$i_B \approx 0$ $\beta i_B \approx 0$ $i_C \approx I_{CEO}$	$U_{CE} \approx U_{CC}$

2. 晶体管放大电路有共发射极、共集电极和共基极三种组态。共发射极放大电路的电压和电流放大倍数都较大，应用广泛；共集电极放大电路的输入电阻高，输出电阻小，电压放大倍数接近 1，适用于信号的跟随。

3. 把输出信号的一部分或全部通过一定的方式引回到输入端的过程称为反馈。反馈放大电路由基本放大电路和反馈网络组成，判断一个电路有无反馈，只要看它有无反馈网络。反馈有正、负之分，可采用瞬时极性法加以判断。在放大电路中广泛采用的是负反馈电路。

4. 负反馈有四种基本组态：电压串联、电压并联、电流并联、电流串联。电压负反馈降低输出电阻，稳定输出电压；电流负反馈增大输出电阻，稳定输出电流；串联负反馈提高输入电阻；并联反馈降低输入电阻。负反馈放大电路还对稳定电路增益、扩展通频带、减小非线性失真、抑制温漂和噪声等起积极作用。

5. 低频功率放大器有三种工作状态：甲类、乙类和甲乙类。其中，甲类的效率较低，最高为 50%；乙类的较高，最高可达 78.5%；甲乙类的效率介于甲类和乙类之间，并接近于乙类的状态。

思考与练习

2.1　填空题

1. 晶体管具有电流放大作用的外部条件是发射结_____偏置，集电结_____偏置。

2. 晶体管型号 3CG4D 是_____型_____频_____功率管。

3. 温度升高时，晶体管的电流放大系数 β_____，反向饱和电流 I_{CBO}_____，正向结电压 U_{BE}_____。

4. 有两只晶体管，A 管 $\beta = 200$，$I_{CEO} = 200\mu A$；B 管 $\beta = 80$，$I_{CEO} = 10\mu A$，其他参数大致相同，一般应选用_____管。

5. 晶体管工作在放大区，如果基极电流从 $10\mu A$ 变化到 $20\mu A$ 时，集电极电流从 $1mA$

变为 1.99mA，则交流电流放大系数 β 约为_____。

6. 共发射极基本放大电路的输出电压与输入电压反相，说明输出信号与输入信号相位相差_____。

7. 放大电路未输入信号时的状态称为_____，其在特性曲线上对应的点为_____。由于放大电路的静态工作点不合适，进入晶体管的非线性区而引起的失真称为_____，包括_____和_____两种。

8. 晶体管具有电流放大作用的实质是利用_____电流实现对_____电流的控制。

9. 放大电路的输入电阻越大，放大电路向信号源索取的电流就越_____，输入电压就越_____；输出电阻越小，负载对输出电压的影响就越_____，放大电路的负载能就越_____。

10. 多级放大电路常用的级间耦合方式有_____、_____和_____三种形式。其中，_____和_____可使各级静态工作点相互独立；能放大直流信号的是_____耦合；能实现阻抗变换的是_____耦合。

11. 能使输出电阻降低的是_____负反馈，能使输出电阻提高的是_____负反馈，能使输入电阻提高的是_____负反馈，能使输入电阻降低的是_____负反馈，能使输出电压稳定的是_____负反馈，能使输出电流稳定的是_____负反馈，能稳定静态工作点的是_____负反馈，能稳定放大电路增益的是_____负反馈。

12. 功率放大器的主要任务是不失真地放大信号_____，通常是在_____信号下工作。

13. 由于功放电路中功放管常常处于极限工作状态，因此，在选择功放管时要特别注意_____、_____、_____三个参数。

14. 对于乙类低频放大器，在输入信号的整个周期内，晶体管半个周期工作在_____状态，另半个周期工作在_____状态。

2.2 判断题

1. 晶体管的输入电阻 r_{be} 是一个动态电阻，所以它与静态工作点无关。（ ）
2. 因为负载电阻 R_L 接在输出回路中，所以它是放大电路输出电阻的一部分。（ ）
3. 放大电路中各电量的交流成分是由交流信号源提供的。（ ）
4. 电压放大电路的输出电阻越小，意味着放大器带负载的能力越强。（ ）
5. 阻容耦合多级放大电路各级的 Q 点相互独立，它只能放大交流信号。（ ）
6. 引入负反馈可以提高放大器的放大倍数稳定性。（ ）
7. 反馈深度越深，放大倍数下降越多。（ ）
8. 负反馈能彻底消除放大电路中的非线性失真。（ ）
9. 电压串联负反馈放大电路可以提高输入电阻，稳定放大电路的输入电流。（ ）
10. 输出功率越大，功放电路的效率就越高。（ ）
11. 为了使功率放大器有足够的输出功率，允许功放晶体管工作在极限状态。（ ）
12. 功率放大器的主要任务就是向负载提供足够大的不失真的功率信号。（ ）
13. 乙类互补对称功放在输入信号为零时，静态功耗几乎为零。（ ）

2.3 选择题

1. 某 NPN 型硅管在电路中测得各电极对地电位分别为 $V_C = 12V$，$V_B = 4V$，$V_E = 0V$，由此可判别晶体管（ ）。

A. 处于放大状态　　　B. 处于饱和状态　　　C. 处于截止状态　　　D. 已损坏

2. 某晶体管的极限参数为 $U_{(BR)CEO}=30V$，$I_{CM}=20mA$，$P_{CM}=100mW$，当晶体管工作电压 $U_{CE}=10V$ 时，I_C 不得超过（　　）mA。

A. 20　　　　　　B. 100　　　　　　C. 10　　　　　　D. 30

3. 测得晶体管的电流方向、大小如图 2-48 所示，则可判断三个电极为（　　）。

A. ①基极 b，②发射极 e，③集电极 c

B. ①基极 b，②集电极 c，③发射极 e

C. ①集电极 c，②基极 b，③发射极 e

D. ①发射极 e，②基极 b，③集电极 c

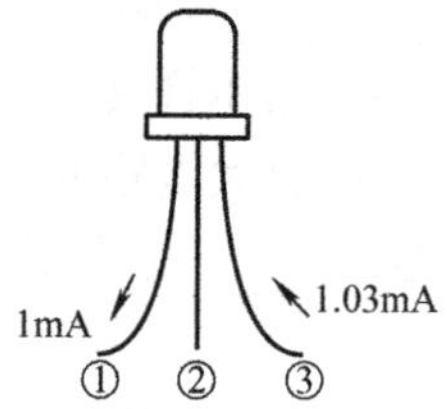

图 2-48　选择题 3 图

4. 放大电路设置静态工作点的目的是（　　）。

A. 提高输入电阻　　　　　　B. 提高放大能力

C. 降低输出电阻　　　　　　D. 实现不失真放大

5. 对直流通路而言，放大电路中的电容应视为（　　）。

A. 直流电源　　　　　B. 开路　　　　　C. 短路

6. 将共发射极基本放大电路中 $\beta=50$ 的晶体管换成 $\beta=100$ 的晶体管，其他参数不变，电路不会产生失真，则电压放大倍数（　　）。

A. 约为原来的 1/2　　　　　　B. 基本不变

C. 约为原来的 2 倍　　　　　　D. 约为原来的 4 倍

7. 在共发射极基本放大电路中，集电极电阻 R_c 的作用是（　　）。

A. 放大电流　　　　　　B. 调节 I_{BQ}

C. 防止输出信号交流对地短路，把放大了的电流转换成电压

8. 为了放大变化缓慢的微弱信号，放大电路应采用（　　）耦合方式；为了实现阻抗变换，放大电路应采用（　　）耦合方式。

A. 直接　　　　　B. 阻容　　　　　C. 变压器　　　　　D. 光电

9. 在三级放大电路中，已知 $A_{u1}=A_{u2}=30dB$，$A_{u3}=20dB$，则总的电压增益为（　　），电路将输入信号放大为（　　）倍。

A. 180dB　　　B. 80dB　　　C. 60dB　　　D. 50dB

E. 1000　　　F. 10000　　　G. 100000　　　H. 1000000

10. 对于放大电路，所谓开环是指（　　）。

A. 无信号源　　　B. 无反馈通路　　　C. 无电源　　　D. 无负载

11. 直流负反馈对电路的作用是（　　）。

A. 稳定直流信号，不能稳定静态工作点　　　B. 稳定直流信号，也能稳定交流信号

C. 稳定直流信号，也能稳定静态工作点　　　D. 不能稳定直流信号，能稳定交流信号

12. 在输入量不变的情况下，若引入反馈后（　　），则说明引入的反馈是负反馈。

A. 输入电阻增大　　B. 输出量增大　　C. 净输入量增大　　D. 净输入量减小

13. 放大电路引入负反馈后，电压放大倍数和非线性失真的情况是（　　）。

A. 放大倍数下降，信号失真减小　　　　B. 放大倍数增大，信号失真减小

C. 放大倍数下降，信号失真不变

14. 在甲类、乙类和甲乙类三种实际功放电路中，效率最高的是（　　）。

A. 甲类　　　　　　B. 乙类　　　　　　C. 甲乙类　　　　　　D. 不能确定

15. 与乙类功放比较，甲乙类功放的主要优点是（　　　）。

A. 放大倍数大　　　B. 效率高　　　C. 无交越失真

16. 对于 OCL 电路，其静态工作点设置在（　　　），以克服交越失真。

A. 放大区　　　　　B. 饱和区　　　　　C. 截止区　　　　　D. 微导通状态

2.4　晶体管各电极实测数据如图 2-49 所示。回答以下问题：

（1）各只管子是 PNP 型还是 NPN 型？

（2）是锗管还是硅管？

（3）管子是否损坏（指出哪个结已开路或短路）？若未损坏，处于放大、截止和饱和中的哪一种工作状态？

2.5　在路测量，测得放大电路中 4 只晶体管各管脚的电位如图 2-50 所示，试判断这 4 只晶体管的管脚（e、b、c），它们是 NPN 型还是 PNP 型，是硅管还是锗管。

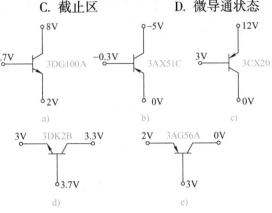

图 2-49　题 2.4 图

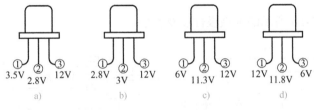

图 2-50　题 2.5 图

2.6　判断图 2-51 所示各电路中晶体管的工作状态，并计算输出电压 u_o 的值。

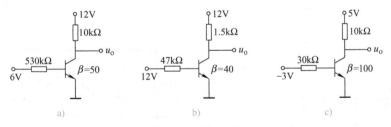

图 2-51　题 2.6 图

2.7　在图 2-52 所示的电路中，已知 $\beta=50$，其他参数见图。（1）估算 Q 点；（2）计算放大电路 R_i 和 R_o、空载时的电压放大倍数 A_u 以及接负载电阻 $R_L=4\mathrm{k}\Omega$ 后的电压放大倍数 A_u'；（3）当 $U_{CEQ}=8\mathrm{V}$ 时（可调 R_b 的阻值），I_{CQ} 和 R_b 的阻值为多大？

2.8　电路如图 2-53 所示，若电路参数为 $U_{CC}=24\mathrm{V}$，$R_c=2\mathrm{k}\Omega$，R_L 开路，晶体管 $\beta=100$，$U_{BE}=0.7\mathrm{V}$。（1）欲将 I_C 调至 1mA，问 R_b 应调至多大？求此时的

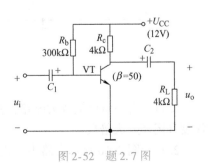

图 2-52　题 2.7 图

A_u；（2）在调整静态工作点时，如不小心把 R_b 调至零，这时晶体管是否会损坏？为什么？如会损坏的话，为避免损坏，电路上可采取什么措施？（3）若要求 A_u 增大一倍，可采取什么措施？

2.9　分压式工作点稳定电路如图 2-54 所示，已知晶体管 3DG4 的 $\beta = 60$，$U_{CES} = 0.3V$，$U_{BE} = 0.7V$。（1）估算工作点 Q；（2）求 A_u、R_i 和 R_o；（3）若电路其他参数不变，则 R_{b1} 为多大时，能使 $U_{CE} = 4V$？

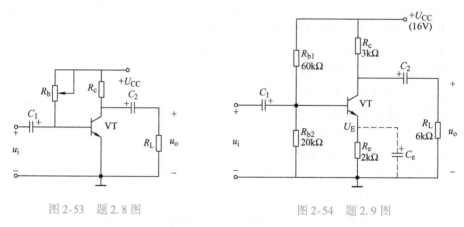

图 2-53　题 2.8 图　　　　　　　　　图 2-54　题 2.9 图

2.10　判断图 2-55 所示的反馈极性以及类型。

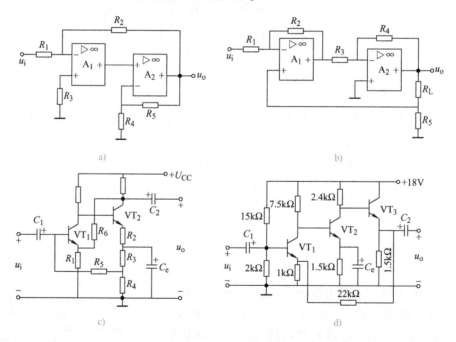

图 2-55　题 2.10 图

2.11　有一负反馈放大电路，其开环放大倍数 $A = 100$，反馈系数 $F = 0.1$，求它的反馈深度和闭环放大倍数。

2.12　图 2-56 所示电路中，正确连接信号源、反馈电阻，把电路分别接成：（1）电压串联负反馈电路；（2）电压并联负反馈电路；（3）电流并联负反馈电路；（4）电流串联负反馈电路。

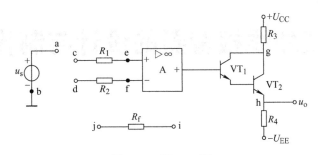

图 2-56　题 2.12 图

2.13　对于一个 OCL 电路，已知 $R_L = 8\Omega$，最大不失真输出功率 $P_{om} = 560\text{mW}$，功放管饱和压降 $U_{CES} = 1\text{V}$。求电源电压 U_{CC} 和最大管耗 P_{CM}。

项目3

红外线报警器的设计与制作

项目剖析

随着电子技术的飞速发展和日益普及，电子报警器已经在各企事业单位和人们的日常生活中得到了广泛应用，如防盗报警器、监测报警器等。

热释电人体红外传感器为20世纪90年代出现的传感器，专门用于检测人体辐射的红外能。它可以做成主动式（检测静止或移动极慢的人体）和被动式（检测运动人体）的人体传感器，与各种电路配合，广泛应用于安全预防领域及控制自动门、灯、水龙头等场合。

本项目主要使用SD02型热释电人体红外传感器组成放大检测电路，制成红外线报警器。报警器可监视几十米范围内运动的人体，当有人在该范围内走动时，就会发出报警信号。

红外线报警器电路的组成框图如图3-1所示。

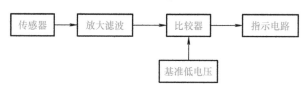

图3-1 红外线报警器电路的组成框图

红外线报警器电路如图3-2所示，电路中使用了4个LM324集成运算放大器。其中A_1、A_2构成两级高倍放大器，对SD02检测到的微弱信号进行放大。A_3、A_4构成窗口比较器。电阻$R_{10} \sim R_{12}$组成分压电路，用于设定窗口比较器的阈值电压。

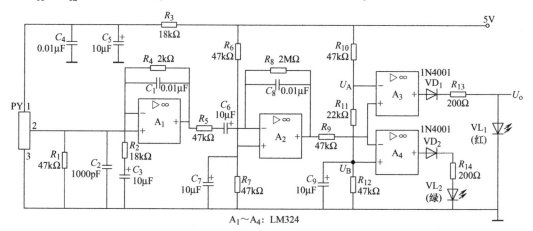

图3-2 红外线报警器电路图

项目目标

本项目通过红外线报警器的制作，达到以下目标：

知识目标

1. 掌握差分放大电路的结构及性能特点；
2. 掌握集成运算放大器电路的线性应用和非线性应用；
3. 了解红外线报警器电路的结构和基本原理。

技能目标

1. 能进行集成运算放大器的引脚识别及测试；
2. 能熟练掌握集成运算放大器性能及其分析判别方法；
3. 能用集成运算放大器构成简单实用电路。

任务 3.1 差分放大电路的组装与测试

任务导入

差分放大电路又叫差动放大电路，是另一类基本放大器，它的输出电压与两个输入电压之差成正比，由此而得名。它不仅能放大直流信号，而且能有效地减小由于电源波动和晶体管随温度变化而引起的零点漂移，因而获得广泛应用，是组成集成运算放大器的一种主要电路，常被用作多级放大电路的前置级。

任务描述

基本差分放大电路由两个完全对称的共发射极单管放大电路组成，差分放大电路利用电路结构和元器件参数的对称性，抑制零点漂移。通过组装差分放大电路，了解差分放大电路的结构及性能特点；测量差分放大电路的共模放大倍数和差模放大倍数，理解差分放大电路的作用；掌握差分放大电路原理与主要技术指标的测量方法。

知识链接

3.1.1 直接耦合放大电路需要解决的问题

所谓直接耦合放大电路就是放大电路的前级输出端与后级输入端，以及放大电路与信号源或负载直接连接起来。由于直接耦合放大电路可用来放大直流信号，所以也称为直流放大器。在集成电路中要制作耦合电容和电感元件相当困难，因此集成电路的内部电路都采用直接耦合方式。

直接耦合放大电路虽然具有显著的优点，但存在两个突出问题：一是前、后级电位配合问题；二是存在零点漂移问题。下面就这两个问题分别讨论。

1. 前、后级电位配合问题

简单的直接耦合放大电路如图 3-3 所示。从图中可以看出，由于VT_1的集电极和VT_2的基极是等电位的，而VT_2发射结压降U_{BE2}很小，使VT_1的集电极电位很低，工作点接近于饱和区，限制了输出的动态范围。因此，要想使直接耦合放大电路能正常工作，就必须解决前、后级直流电位配合问题。

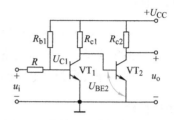

图 3-3 简单的直接耦合放大电路

2. 零点漂移问题

零点漂移是指当输入信号为零时（即输入端短路时），在放大电路输出端会出现一个变化不定的输出信号，使输出电压偏离起始值而上下波动。这个现象叫作零点漂移，简称零漂。**产生漂移的原因有**温度变化、电源电压波动和元器件参数变化等，其中以温度变化所引起的影响最大，所以零漂也称温漂。

对于一个多级直接耦合的放大电路，级数越多，输出端零点漂移越严重。第一级因某种原因产生的零漂会被逐级放大，使末级输出端产生较大的漂移电压，无法区分信号电压和漂移电压，严重时漂移电压甚至把信号电压淹没了。所以，抑制零点漂移是直接耦合放大电路的突出问题。

减小零点漂移的主要措施有：采用高稳定度的稳压电源；采用高质量的电阻、晶体管；采用温度补偿电路；采用差分放大电路等。其中，采用差分放大电路是目前应用最广泛的能有效抑制零点漂移的方法。

3.1.2 差分放大电路

差分放大电路又称差动放大电路，它的输出电压与两个输入电压之差成正比，由此得名。由于它在电路和性能方面具有很多优点，因而广泛应用于集成电路中。

差分放大电路的组成及工作原理

1. 差分放大电路的组成

典型的差分放大电路如图 3-4 所示，它具有两个输入端、两个输出端，是由两个晶体管组成由发射极电阻 R_e 耦合的对称共发射极电路，其中VT_1和VT_2称为差分对管，两边的元器件具用相同的温度特性和参数，使之具有很好的对称性，并且一般采用正、负电源供电，且 $U_{CC} = U_{EE}$，输出负载可以接到两个输出端之间（称为双端输出），也可接到任一输出端到地之间（称为单端输出）。

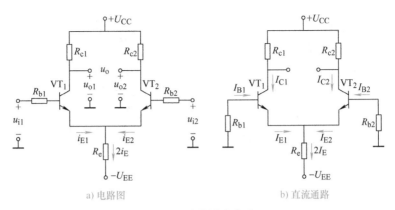

a) 电路图　　　　　　　　　　　b) 直流通路

图 3-4　差分放大电路

2. 静态分析

静态时，输入信号为零，即 $u_{i1} = u_{i2} = 0$，图 3-4a 所示电路的直流通路如图 3-4b 所示。由于电路完全对称，所以 $I_{B1} = I_{B2} = I_B$，$I_{C1} = I_{C2} = I_C$，$I_{E1} = I_{E2} = I_E$。

两管集电极对地电压为 $U_{C1} = U_{CC} - I_{C1}R_{C1}$，$U_{C2} = U_{CC} - I_{C2}R_{C2}$。

可见，静态时，两管集电极之间的输出电压为零，即

$$u_o = U_{C1} - U_{C2} = 0 \tag{3-1}$$

所以差分放大电路零输入时输出电压为零，而且当温度变化时，I_{C1}、I_{C2}、U_{C1}、U_{C2} 均产生相同的变化，输出电压 u_o 将保持为零。同时又由于公共发射极电阻 R_e 的负反馈作用，使得 I_{C1}、I_{C2}、U_{C1}、U_{C2} 的变化也很小，因此，差分放大电路具有稳定的静态工作点和很小的温度漂移。

如果差分放大电路不是完全对称，那么零输入时输出电压将不为零，这种现象称为差分放大电路的失调，而且这种失调还会随着温度的变化而变化，这将直接影响到差分放大电路的正确工作，因此在差分放大电路中应力求电路对称，并在条件允许的情况下增大 R_e 的值。

3. 差分放大电路的动态分析

（1）差模输入与差模特性

在差分放大电路输入端分别输入大小相等、极性相反的输入信号，称为差模输入，所输入的信号称为差模输入信号，如图 3-5a 所示，即 $u_{i1} = -u_{i2}$。两个输入端之间的电压用 u_{id} 表示，即

$$u_{id} = u_{i1} - u_{i2} = 2u_{i1} \tag{3-2}$$

在差模信号单独作用的情况下，两管射极电流 i_{E1} 和 i_{E2} 一个增大、一个减小，而且变化的幅度相同，因此流过电阻 R_e 的电流大小不变，又因电阻 R_e 下端接直流电源 $-U_{EE}$，故两管发射极电压为固定的直流量，即对于差模信号，两管发射极交流电压值为零。R_e 两端的压降几乎不变，即 R_e 对于差模信号来说相当于短路。另外，两管集电极电压 $u_{c1} = -u_{c2}$，即差模信号输入时，R_L 两端电压向相反方向变化，故 R_L 中点电位相当于交流接地。由此可以画出差模交流通路如图 3-5b 所示。

双端差模输出电压 u_{od} 与双端差模输入信号 u_{id} 之比称为差分放大电路的差模电压放大倍

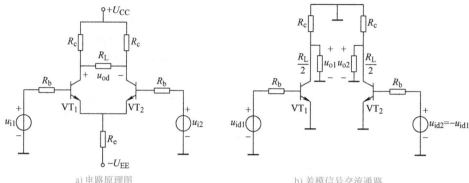

a) 电路原理图   b) 差模信号交流通路

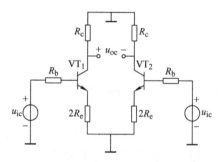

c) 共模信号交流通路

图 3-5   双端输入双端输出差分放大电路

数 A_{ud}，即

$$A_{ud} = \frac{u_{od}}{u_{id}} = \frac{u_{od1} - u_{od2}}{u_{id1} - u_{id2}} = \frac{2u_{od1}}{2u_{id}} = A_{u1} = -\frac{\beta R'_L}{R_b + r_{be}} \qquad (3\text{-}3)$$

式中，u_{od} 为双端输出时差模输出电压，它等于两管输出信号电压之差；A_{u1} 为单管共射放大电路电压放大倍数；$R'_L = R_c \mathbin{/\mkern-5mu/} (R_L/2)$。

式（3-3）说明双端输出差分放大电路的电压放大倍数与单管共发射极放大电路的电压放大倍数相同。

（2）共模输入与共模抑制比

在差分放大电路两输入端分别输入大小相等、极性相同的信号，称为共模输入，可表示为

$$u_{i1} = u_{i2} = u_{ic} \qquad (3\text{-}4)$$

在差分放大电路中，无论是温度的变化，还是电源电压的波动，都会引起两管集电极电流及相应集电极电压产生相同的变化，其效果相当于在两个输入端加了共模信号。

共模信号交流通路如图 3-5c 所示。因在输入共模信号时，VT_1 和 VT_2 管的发射极电流同时增加（或减小）。由于电路的对称特性，电流的变化量 $i_{e1} = i_{e2}$，则流过 R_e 中的电流增加 $2i_{e1}$，R_e 两端压降的变化量为 $u_e = 2i_{e1}R_e = i_{e1}(2R_e)$，也就是说，对每个晶体管发射极电阻等效为 $2R_e$。

电路完全对称，在输入共模信号时，总有 $\Delta u_{c1} = \Delta u_{c2}$。$R_L$ 中没有电流流过，可视为开路。输入共模信号电路的电压放大倍数称为共模电压放大倍数，用 A_{uc} 表示，故

$$A_{uc} = u_{oc}/u_{ic} = 0 \qquad (3\text{-}5)$$

从式（3-5）可知，差分放大电路对共模信号具有抑制作用，为反映电路对共模信号的抑制能力，引入共模抑制比 K_{CMR} 的概念，K_{CMR}（单位为 dB）定义为

$$K_{CMR} = \left| \frac{A_{ud}}{A_{uc}} \right| \quad \text{或} \quad K_{CMR} = 20\lg \left| \frac{A_{ud}}{A_{uc}} \right| \tag{3-6}$$

K_{CMR} 越大，差分放大电路抑制共模信号的能力越强。在理想情况下，双端输出差分放大电路的 $K_{CMR} \to \infty$。

【例3.1】 已知差分放大电路的输入信号 $u_{i1} = 1.01V$，$u_{i2} = 0.99V$，试求差模和共模输入电压。若 $A_{ud} = -50$，$A_{uc} = -0.05$，试求该差分放大电路的输出电压 u_o 及 K_{CMR}。

解：（1）差模输入电压为

$$u_{id} = u_{i1} - u_{i2} = 1.01V - 0.99V = 0.02V$$

共模输入电压为

$$u_{ic} = (u_{i1} + u_{i2})/2 = (1.01 + 0.99)V/2 = 1V$$

（2）差模输出电压为

$$u_{od} = A_{ud}u_{id} = -50 \times 0.02V = -1V$$

共模输出电压为

$$u_{oc} = A_{uc}u_{ic} = -0.05 \times 1V = -0.05V$$

在差模信号和共模信号同时存在的情况下，输出电压 u_o 为

$$u_o = u_{od} + u_{oc} = -1V - 0.05V = -1.05V$$

（3）共模抑制比 K_{CMR} 为

$$K_{CMR} = 20\lg \left| \frac{A_{ud}}{A_{uc}} \right| = 20\lg \frac{50}{0.05}dB = 20\lg 1000 dB = 60 dB$$

任务实施

1. 设备与器件

直流稳压电源、双踪示波器、信号源、万用表、电阻、晶体管等，各元器件具体参数和型号标在图3-6所示的差分放大器的性能测试电路中。

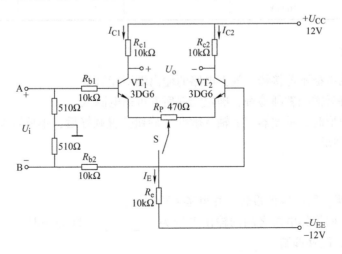

图3-6 差分放大器的性能测试电路

2. 任务实施过程

测试前用万用表检测各元器件质量的好坏，尤其是晶体管的好坏。将开关 S 扳到左边，组装典型差分放大电路。

（1）静态工作点的测量

调节放大器零点：信号源不接入。将放大器输入端 A、B 与地短接，接通 ±12V 电源，用万用表直流电压档测量输出电压，调节调零电位器 R_P，使 $U_o = 0$。调节时要仔细，要力求准确。测量静态工作点：零点调好以后，用万用表测量 VT_1、VT_2 管各电极电位及发射极电阻 R_e 两端电压 U_{Re}，记录在表 3-1 中。

表 3-1　静态工作点的测量 　　　　　　　　　　　　　　（单位：V）

V_{C1}	V_{B1}	V_{E1}	V_{C2}	V_{B2}	V_{E2}	U_{Re}

（2）共模电压放大倍数的测量

将放大器 A、B 短接，信号发生器接放大器 A 端与地端之间，构成共模输入方式，调节输入信号为 $f = 1kHz$，$u_i = 1V$，在输出电压波形无失真的情况下，测量 u_{c1}、u_{c2} 的值，并记入表 3-2 中。

（3）差模电压放大倍数的测量

断开直流电源，将信号源的输出端接放大器输入端 A_0，地端接放大器输入端 B，调节输入的正弦波信号频率，使 $f = 1kHz$，并使输出旋钮调至零，用示波器监视输出端。接通 ±12V 电源，给放大器输入 1kHz、100mV 的正弦交流信号，在输出波形无失真的情况下，测量 u_{c1}、u_{c2} 的值，并记入表 3-2 中。

表 3-2　差分放大器的电压放大倍数的测量

	u_i	u_{c1}/V	u_{c2}/V	$K_{CMR} = \left\| \dfrac{A_{ud}}{A_{uc}} \right\|$
共模输入	1V			
差模输入	100mV			

3. 注意事项

1）晶体管的电极不能接错，放大电路的输出端不能短接。

2）电路接好后需经教师检查，确定无误后方可通电测试。

3）在观察波形时，示波器"Y 轴灵敏度"旋钮位置调好后，不要再变动，否则将不方便比较各个波形情况。

4. 任务考核

记录测试结果，写出实训报告，并思考下列问题：

1）静态时，两管集电极之间的输出电压为 _____，即静态时，差分放大电路具有 _____ 的特点，能够抑制 _____。

2）在理想情况下，在共模输入时，u_{c1}、u_{c2} 在大小上是 _____ 的。

任务 3.2   集成运算放大器的组装与测试

任务导入

集成运算放大器简称为集成运放。集成运放最早应用于信号的运算，所以又称为运算放大器。随着电子技术的发展，目前集成运放的应用几乎渗透到电子技术的各个领域，除运算外，还可以对信号进行处理、变换、产生和测量，成为组成电子系统的基本功能单元。

任务描述

通过对反相比例运算电路、同相比例运算电路、电压比较器电路等典型应用电路的组装与测试，学习集成运放线性应用与非线性应用的条件及其特点；掌握各种典型电路的性能及具体应用，学会集成运放各应用电路的分析和测试方法。

知识链接

集成运算放大器是 20 世纪 60 年代发展起来的半导体器件，它是采用半导体制造工艺，将晶体管、二极管和电阻等元器件集中制造在一小块基片上构成的一个完整电路。与分立元器件电路比较，集成电路具有体积小、重量轻、耗能低、成本低及可靠性高等优点。

集成运放实际上是由集成电路工艺制成的具有高增益、高输入电阻、低输出电阻的多级直接耦合放大器，现已广泛应用于电子技术的各个领域，在许多情况下已经取代了分立元器件放大器。

3.2.1 集成运算放大器的基础知识

1. 集成运算放大器电路组成

集成运算放大器种类型号众多，但基本结构归纳起来通常由四部分组成，分别是输入级、中间级、输出级及偏置电路。集成运算放大器内部组成框图如图 3-7 所示。

（1）输入级

输入级是提高集成运算放大器质量的关键部分，要求其输入电阻高。为了能减少零点漂移和抑制共模干扰信号，输入级都采用具有恒流源的差分放大电路，也称差分输入级。

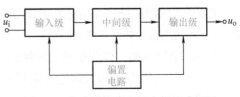

图 3-7　集成运算放大器内部组成框图

（2）中间级

中间级的主要作用是提供足够大的电压放大倍数，故而也称电压放大级。要求中间级本身具有较高的电压增益，为了减少前级的影响，还应具有较高的输入电阻，因此多采用共发射极放大电路。

（3）输出级

输出级的作用是给负载提供足够的功率，一般采用射极输出器或互补对称功率放大电路，以降低输出电阻，提高带负载能力。输出级装有过载保护。除此之外，电路中还设有过载保护电路，用以防止输出端短路或负载电流过大时烧坏管子。

（4）偏置电路

偏置电路的作用是为各级提供合适的工作电流，一般由各种恒流源电路组成。

集成运放
的封装及
引脚识别

2. 集成运放的封装和图形符号

集成运放的外形，常见的有双列直插式、扁平式和圆壳式 3 种，如图 3-8 所示。目前国产集成运放已有多种型号，封装外形主要采用圆壳式金属封装和双列直插式塑料封装两种。

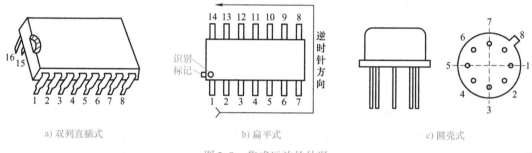

a) 双列直插式   b) 扁平式   c) 圆壳式

图 3-8　集成运放的外形

（1）圆形封装集成运放

对于圆形封装的集成运放，在识别引脚时，应先将集成运放的引脚朝上，找出其标记。常见的定位标记有锁口突耳、定位孔及引脚不均匀排列等。将引脚对准自己，由定位标记对应的引脚开始，按顺时针方向依次读引脚序号 1、2、3、4 等。

（2）双列直插式集成运放

识别其引脚时，若引脚向下，即其型号、商标向上，定位标记在左边，则从左下角第 1 只引脚开始，按逆时针方向，依次为 1、2、3、4 等。

集成运放的图形符号（国标）如图 3-9a 所示，习惯通用符号如图 3-9b 所示。

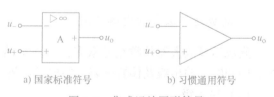

a) 国家标准符号   b) 习惯通用符号

图 3-9　集成运放图形符号

它有两个输入端，即反相输入端和同相输入端，分别用 "－""＋" 表示，有一个输出端。输出电压 u_o 与反相输入端输入电压 u_- 相位相反，而与同相输入端输入电压 u_+ 的相位相同，其输入输出关系式如下：

$$u_o = A_{od}(u_+ - u_-) \tag{3-7}$$

式中，A_{od} 为集成运放开环电压放大倍数。

LM324 通用型四集成运放的引脚排列如图 3-10 所示。

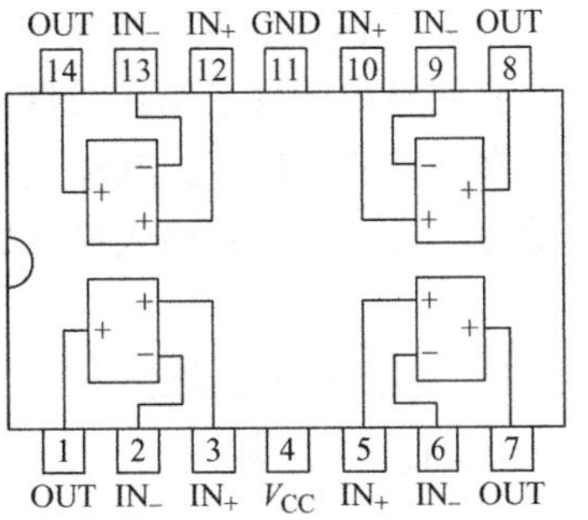

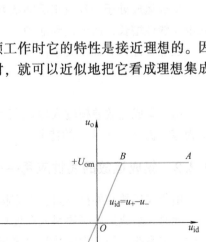

3. 集成运放的主要性能指标

（1）开环差模电压增益 A_{od}

A_{od} 是表示集成运放无反馈电路，且工作在线性状态时的差模电压增益，常用 $20lg|A_{od}|$ 表示，以分贝（dB）为单位。该数值越大，集成运放的性能越好。

（2）开环差模输入电阻 R_{id}

差模输入电阻是指集成运放的两个输入端之间的动态电阻。它反映输入端向差动信号源索取电压的能力。其值越大越好，一般在几十千欧到几十兆欧范围内。

图 3-10 LM324 通用型四集成运放

（3）开环差模输出电阻 R_{od}

集成运放开环时，从输出端看进去的等效电阻称为输出电阻。它反映集成运放输出端的带负载能力，其值越小越好，一般 R_{od} 为几十欧。

（4）共模抑制比 K_{CMR}

共模抑制比为开环差模电压增益与共模电压增益之比的绝对值，$K_{CMR}=|A_{od}/A_{oc}|$，它表示集成运放对共模信号的抑制能力，其值越大越好。

4. 理想集成运放的性能指标

在实际应用中，为了简化分析，通常把集成运放看作一个理想化的运算放大器，被称为理想集成运放，其理想化特性为：

1）开环差模电压放大倍数 $A_{od}\rightarrow\infty$。

2）开环差模输入电阻 $R_{id}\rightarrow\infty$。

3）开环差模输出电阻 $R_{od}=0$。

4）共模抑制比 $K_{CMR}\rightarrow\infty$。

实际的集成运放不可能具有理想特性，但是在低频工作时它的特性是接近理想的。因此，在低频情况下，在实际使用和分析集成运放电路时，就可以近似地把它看成理想集成运放。

5. 集成运放的电压传输特性

集成运放的电压传输特性是输出电压 u_o 与输入电压 u_{id}（同相输入端与反相输入端之间电压差值）之间的关系。

实际的电压传输特性如图 3-11 所示。集成运放有两个工作区：一是放大区（又称线性区），曲线的斜率为电压放大倍数，理想运放 $A_{od}\rightarrow\infty$，在放大区的曲线与纵坐标重合；二是饱和区（又称非线性区），输出电压 u_o 不随输入电压而变，而是恒定值 $+U_{om}$（或 $-U_{om}$）。

图 3-11 集成运放的电压传输特性

（1）工作在线性区的集成运放

要使集成运放工作在线性区，必须使其工作在闭环状态，并引入深度负反馈。在理想的线性区，其输出信号随输入信号线性变化，曲线的斜率为电压放大倍数，输出信号和输入关系如下：

虚短和虚断

$$u_o = A_{od}(u_+ - u_-) \tag{3-8}$$

1）对于理想集成运放，由于 $A_{od} \to \infty$，而 u_o 为有限值（不超过电源电压），故 $u_{id} = u_+ - u_- = u_o/A_{od} \approx 0$，即

$$u_+ \approx u_- \tag{3-9}$$

式（3-9）表明，集成运放同相端和反相端的电位近似相等，即两输入端为近似短路状态，并称之为"虚短"。

2）由于集成运放 $R_{id} \to \infty$，两输入端几乎没有电流输入，即两输入端都接近于开路状态，称为虚假断路，简称"虚断"，记为

$$i_+ = i_- \approx 0 \tag{3-10}$$

理想运放的电压、电流及"虚短""虚断"示意图如图 3-12 所示。

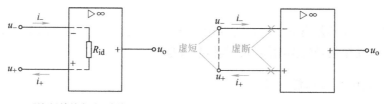

a) 理想运放的电压、电流   b) 理想运放的"虚短""虚断"

图 3-12　理想运放的电压、电流及"虚短""虚断"示意图

上述两条重要结论是分析集成运放线性运用时的基本依据。

（2）工作在非线性区的集成运放

集成运放处于开环或正反馈状态时，工作于非线性区。在非线性区，输出电压不再随输入电压线性增长，而将达到饱和。

在非线性区有如下关系：

当 $u_+ > u_-$ 时，$u_o = +U_{om}$；
当 $u_+ < u_-$ 时，$u_o = -U_{om}$。

基本运算电路

由于集成运放差模输入电阻很大，在非线性应用时，净输入电流近似为零，仍有"虚断"的特征。

3.2.2　集成运放的线性应用——运算电路

由集成运放和外接电阻、电容构成的比例、加减、积分和微分运算电路称为基本运算电路。此时，集成运放必须引入深度负反馈，使之工作在线性区。在分析这些电路的输出和输入运算关系或电压放大倍数时，将集成运放看成理想运放，因此可根据"虚短"和"虚断"的特点来分析，比较简便。

1. 反相比例运算电路

反相比例运算电路如图 3-13 所示。

输入信号经电阻从反相输入端输入，同相输入端经电阻接地。图中，电阻 R_f 称为直流平衡电阻，主要是使同相输入端与反相输入端对地直流电阻相等，即 $R_2 = R_1 /\!/ R_f$，从而消除输入偏置电流及其温漂的影响。根据"虚短""虚断"概念有

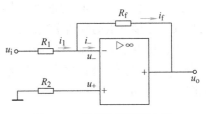

图 3-13 反相比例运算电路

$$i_1 = i_f$$
$$u_- = u_+ = 0 \qquad (3\text{-}11)$$

式（3-11）表明，集成运放两输入端的电位均为零，但它们并没有真正直接接地，故称之为"虚地"。在反相输入放大电路中，同相输入端接地，才有"虚地"现象，"虚地"是"虚短"的特例。

$$i_1 = \frac{u_i - u_-}{R_1} = \frac{u_i}{R_1}$$

$$i_f = \frac{u_- - u_o}{R_f} = -\frac{u_o}{R_f}$$

所以

$$u_o = -\frac{R_f}{R_1}u_i = A_{uf}u_i \qquad (3\text{-}12)$$

闭环电压放大倍数为

$$A_{uf} = -\frac{R_f}{R_1}$$

由式（3-12）可以看出，反相比例运算电路的输出电压 u_o 与输入电压 u_i 成比例关系，式中负号表示二者相位相反。输出电压与输入电压之间的比例运算常数由反馈电阻 R_f 和输入电阻 R_1 决定，与自身参数无关。

当 $R_1 = R_f$ 时，$A_{uf} = -1$，即电路的 u_o 与 u_i 大小相等、相位相反，称此时的电路为反相器。

2. 同相比例运算电路

同相比例运算电路如图 3-14 所示，输入信号从同相输入端输入，反相输入端通过电阻接地。

由"虚短""虚断"性质可知

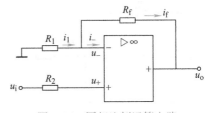

图 3-14 同相比例运算电路

$$i_- = i_+ = 0, u_- = u_+ = u_i$$

$$u_- = \frac{R_1}{R_1 + R_f}u_o = u_i$$

则

$$u_o = \left(1 + \frac{R_f}{R_1}\right)u_i$$

同相比例运算电路的电压放大倍数为

$$A_{uf} = \frac{u_o}{u_i} = 1 + \frac{R_f}{R_1} \qquad (3\text{-}13)$$

式（3-13）中，A_{uf} 为正值，表明输出电压与输入电压同相，电路的比例系数恒大于 1，而且仅由外接电阻的数值来决定，与集成运算放大器本身的参数无关。

当外接电阻 $R_1 = \infty$ 或反馈电阻 $R_f = 0$ 时，有 $A_{uf} = 1$，即 u_o 与 u_i 大小相等、相位相同，称此电路为电压跟随器，电路如图 3-15 所示。

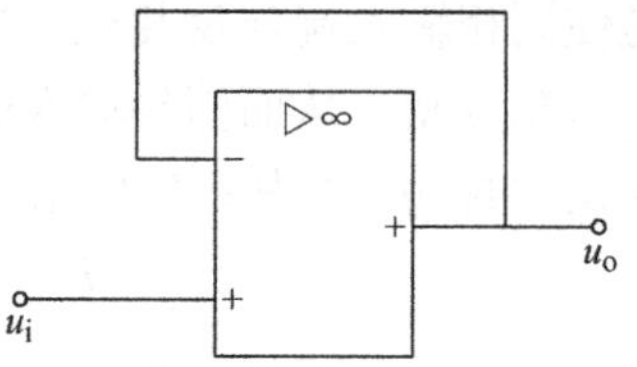

图 3-15 电压跟随器

3. 加法运算电路

（1）反相加法运算电路

反相加法运算电路如图 3-16 所示，输入信号由反相输入端输入。R_f 为反馈电阻，R_4 为直流平衡电阻。根据"虚短""虚断"性质和 KCL，由电路可列出

$$i_1 + i_2 + i_3 = i_f$$

$$\frac{u_{i1}}{R_1} + \frac{u_{i2}}{R_2} + \frac{u_{i3}}{R_3} = \frac{0 - u_o}{R_f}$$

则

$$u_o = -R_f\left(\frac{u_{i1}}{R_1} + \frac{u_{i2}}{R_2} + \frac{u_{i3}}{R_3}\right) \tag{3-14}$$

当 $R_1 = R_2 = R_3 = R_f$ 时

$$u_o = -(u_{i1} + u_{i2} + u_{i3}) \tag{3-15}$$

式（3-15）表明电路实现了各输入信号电压的反相相加。

提示：集成运放组成的反相加法运算电路在调整一路输入端电阻时，不会影响其他路信号形成的输出值，因而调节方便，得到较广泛应用。

（2）同相加法运算电路

同相加法运算电路如图 3-17 所示，输入信号都加到同相输入端，而反相输入端通过电阻 R_3 接地。

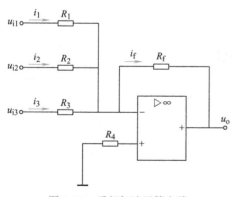

图 3-16 反相加法运算电路 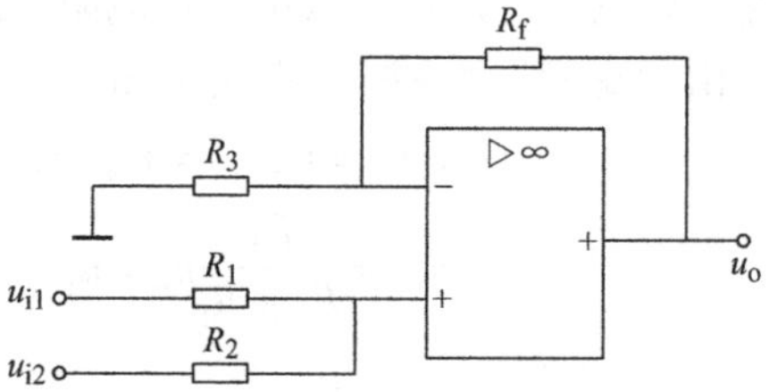　　　　　　　　图 3-17 同相加法运算电路

应用叠加定理进行分析。

设 u_{i1} 单独作用，$u_{i2} = 0$，则

$$u'_+ = \frac{R_2}{R_1 + R_2} u_{i1}$$

$$u_o' = \left(1 + \frac{R_f}{R_3}\right)u_+' = \left(1 + \frac{R_f}{R_3}\right)\frac{R_2}{R_2 + R_3}u_{i1}$$

设 u_{i2} 单独作用，$u_{i1} = 0$，则

$$u_+'' = \frac{R_1}{R_1 + R_2}u_{i2}$$

$$u_o'' = \left(1 + \frac{R_f}{R_3}\right)u_+'' = \left(1 + \frac{R_f}{R_3}\right)\frac{R_2}{R_2 + R_3}u_{i2}$$

二者叠加得

$$u_o = u_o' + u_o'' = \left(1 + \frac{R_f}{R_3}\right)\frac{R_1 R_2}{R_1 + R_2}\left(\frac{u_{i1}}{R_1} + \frac{u_{i2}}{R_2}\right)$$

若取 $R_1 = R_2$，$R_3 = R_f$，则

$$u_o = u_{i1} + u_{i2} \tag{3-16}$$

式（3-16）表明，输出电压为两输入电压之和。

4. 减法运算电路

减法运算电路如图 3-18 所示，它的反相输入端和同相输入端都有信号输入。其中，u_{i1} 通过 R_1 加到反相输入端，而 u_{i2} 通过 R_2、R_3 分压后加到同相输入端。

由图 3-18 可知

$$u_- = u_{i1} - i_1 R_1 = u_{i1} - \frac{u_{i1} - u_o}{R_1 + R_f}R_1$$

$$u_+ = \frac{R_3}{R_2 + R_3}u_{i2}$$

由"虚短"，即 $u_- = u_+$，得

$$u_o = \left(1 + \frac{R_f}{R_1}\right)\left(\frac{R_3}{R_2 + R_3}\right)u_{i2} - \frac{R_f}{R_1}u_{i1} \tag{3-17}$$

当取 $R_1 = R_2$，$R_3 = R_f$ 时，则式（3-17）为

$$u_o = \frac{R_f}{R_1}(u_{i2} - u_{i1}) \tag{3-18}$$

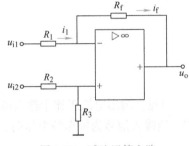

图 3-18 减法运算电路

可见，其输出电压 u_o 与两个输入电压的差值 $u_{i2} - u_{i1}$ 成正比，故称为差分输入放大电路，又称减法运算电路。

5. 积分运算电路

在反相比例运算电路中，用电容 C 代替 R_f 作为反馈元件，引入电压并联负反馈，就成为积分运算电路，电路如图 3-19 所示。利用"虚短""虚断"性质可列出

$$i_R = \frac{u_i}{R} = i_C$$

若 C 上起始电压为零，则

$$u_C = \frac{1}{C}\int_0^t i_C \mathrm{d}t$$

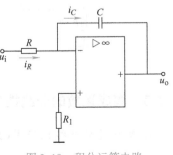

图 3-19 积分运算电路

$$u_o = -u_C = -\frac{1}{C}\int_0^t i_C \mathrm{d}t = -\frac{1}{RC}\int_0^t u_i \mathrm{d}t \quad (3\text{-}19)$$

若 $u_i = U_i$ 为常数，则

$$u_o = -\frac{U_i}{RC}t \quad (3\text{-}20)$$

式（3-20）说明，输出电压为输入电压对时间的积分，实现了积分运算，式中负号表示输出与输入相位相反。

积分电路除用于积分运算外，还可以实现波形变换，当输入为方波和正弦波时，输出电压波形如图 3-20 所示。

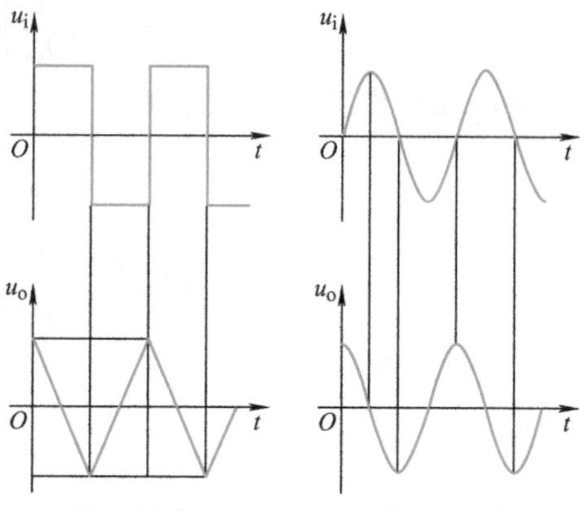

a) 输入为方波 b) 输入为正弦波

图 3-20 不同输入情况下的积分电路电压波形

6. 微分运算电路

将图 3-19 中反相输入端的电阻 R 和反馈电容 C 位置互换，便构成基本微分运算电路，如图 3-21 所示。利用"虚短""虚断"性质，可知

$$u_- = u_+ = 0$$

$$i_R = -\frac{u_o}{R}$$

$$i_C = C\frac{\mathrm{d}u_i}{\mathrm{d}t}$$

$$i_C = i_R$$

$$u_o = -Ri_R = -RC\frac{\mathrm{d}u_i}{\mathrm{d}t} \quad (3\text{-}21)$$

可见，输出电压正比于输入电压对时间的微分。电路中的比例常数取决于时间常数 $\tau = RC$。当输入信号为矩形波电压时，输出信号为尖脉冲电压，如图 3-22 所示。

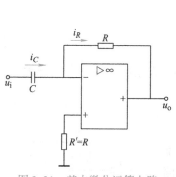

图 3-21 基本微分运算电路

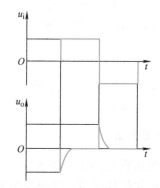

图 3-22 基本微分运算电路输入、输出电压波形

3.2.3 集成运放的非线性应用——电压比较器

1. 集成运放非线性应用的条件及特点

当集成运放工作在开环状态或外接正反馈时，由于集成运放的开环放大倍

电压比较器

数很大，只要有微小的电压信号输入，就使输出信号超出线性放大范围，工作在非线性工作状态。为了简化分析，同集成运放的线性运用一样，仍然假设电路中的集成运放为理想元件。此时，有以下两个重要特点。

1) 理想运放的输出电压 u_o 的值只有两种可能：当 $u_+ > u_-$ 时，$u_o = +U_{om}$；当 $u_+ < u_-$ 时，$u_o = -U_{om}$。即输出电压不是正向饱和电压 $+U_{om}$，就是负向饱和电压 $-U_{om}$。

2) 理想运放的两个输入端的输入电流等于零，仍有"虚断"特性。在非线性区内，虽然 $u_- \neq u_+$，但因理想运放的 $R_{id} \to \infty$，故仍认为输入电流为零，即 $i_+ = i_- \approx 0$。

集成运放处于非线性状态时的电路统称为非线性应用电路。这种电路大量地被用于信号比较、信号转换和信号发生以及自动控制系统和测试系统中。

电压比较器是用来对输入电压信号（被测信号）与另一个电压信号（或基准电压信号）进行比较，并根据结果输出高电平或低电平的一种电子电路。在自动控制中，常通过电压比较电路将一个模拟信号与基准信号相比较，并根据比较结果决定执行机构的动作。各种越限报警器就是利用这一原理工作的。

2. 单值电压比较器

（1）单值电压比较器的工作原理

开环工作的运算放大器是最基本的单值比较器，反相输入电路如图 3-23a 所示。

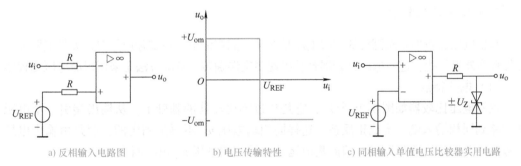

a) 反相输入电路图   b) 电压传输特性   c) 同相输入单值电压比较器实用电路

图 3-23　单值电压比较器及传输特性

电路中，输入信号 u_i 与基准电压 U_{REF} 进行比较。当 $u_i < U_{REF}$ 时，$u_o = U_{om}$；当 $u_i > U_{REF}$ 时，$u_o = -U_{om}$，在 $u_i = U_{REF}$ 时，u_o 发生跳变。该电路理想传输特性如图 3-23b 所示。

如果以地电位为基准电压，即同相输入端通过电阻 R 接地，组成如图 3-24a 所示的电路，就形成一个过零比较器，则

当 $u_i < 0$ 时，则 $u_o = +U_{om}$；

当 $u_i > 0$ 时，则 $u_o = -U_{om}$。

也就是说，每当输入信号过零点时，输出信号就发生跳变。

在过零比较器的反相输入端输入正弦波信号时，该电路可以将正弦波信号转换成方波信号，波形图如图 3-24b 所示。

（2）电压比较器的阈值电压

由上述分析可知，电压比较器翻转的临界条件是运算放大器的两个输入端电压 $u_+ = u_-$，对于图 3-23a 所示电路为 u_i 与 U_{REF} 进行比较，当 $u_i = U_{REF}$ 时，也即达到 $u_+ = u_-$ 时，电路状态发生翻转。将比较器输出电压发生跳变时所对应的输入电压值称为阈值电压或门限

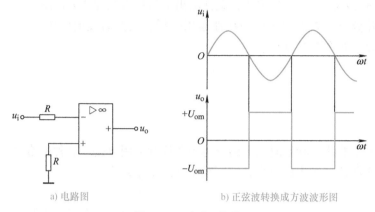

a) 电路图　　　　　　　　　b) 正弦波转换成方波波形图

图 3-24　过零比较器

电压 U_T。**图 3-23a 所示电路**因输入电压只跟一个参考电压 U_{REF} 进行比较，故此电路称为单值电压比较器。

　　有时为了获取特定输出电压或限制输出电压值，在输出端采取稳压管限幅，如图 3-23c 所示。图中，R 为稳压二极管限流电阻，不考虑二极管正向管压降时，输出电压被限制在 $\pm U_Z$ 之间。

　　3. 迟滞电压比较器

　　单值电压比较器状态翻转的门限电压是在某一固定值上，在实际应用时，如果实际测得的信号存在外界干扰，过零电压比较器容易出现多次误翻转。解决方法是采用迟滞电压比较器。

　　（1）电路特点

　　迟滞电压比较器如图 3-25 所示，它是在过零比较器的基础上，从输出端引一个电阻分压支路到同相输入端，形成正反馈。这样同相端电压 u_+ 不再是固定的，而是由输出电压和参考电压共同作用叠加而成，因此集成运放的同相端电压 u_+ 也有两个。

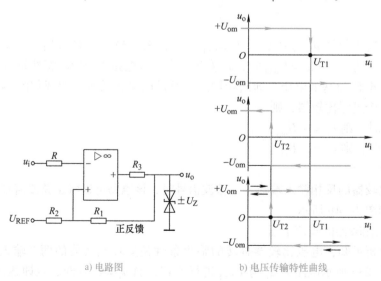

a) 电路图　　　　　　　　　b) 电压传输特性曲线

图 3-25　迟滞电压比较器

当输出为正向饱和电压 $+U_{om}$ 时，将集成运放的同相输入端电压称为上门限电压，用 U_{T1} 表示，有

$$U_{T1} = u'_+ = \frac{R_1}{R_1 + R_2} U_{om} + \frac{R_2}{R_1 + R_2} U_{REF} \tag{3-22}$$

当输出为负饱和电压 $-U_{om}$ 时，将集成运放的同相输入端电压称为下门限电压，用 U_{T2} 表示，有

$$U_{T2} = u''_+ = \frac{R_1}{R_1 + R_2} (-U_{om}) + \frac{R_2}{R_1 + R_2} U_{REF} \tag{3-23}$$

（2）传输特性和回差电压 ΔU_T

迟滞电压比较器的传输特性如图 3-25b 所示。当输入信号 u_i 从零开始增加时，电路输出为正饱和电压 $+U_{om}$，此时集成运放同相端对地电压为 U_{T1}。当逐渐增加到刚超过 U_{T1} 时，电路翻转，输出变为负向饱和电压 $-U_{om}$。这时，同相端对地电压为 U_{T2}，若 u_i 继续增大，输出保持 $-U_{om}$ 不变。

若 u_i 从最大值开始下降，当下降到上门限电压 U_{T1} 时，输出并不翻转，只有下降到略小于下门限电压 U_{T2} 时，电路才发生翻转，输出变为正向饱和电压 $+U_{om}$。

由以上分析可以看出，该比较器具有滞回特性。

上门限电压 U_{T1} 与下门限电压 U_{T2} 之差称为回差电压，用 ΔU_T 表示，有

$$\Delta U_T = U_{T1} - U_{T2} = 2 \frac{R_1}{R_1 + R_2} U_{om} \tag{3-24}$$

回差电压的存在大大提高了电路的抗干扰能力。只要干扰信号的峰值小于半个回差电压，比较器就不会因为干扰而误动作。

4. 窗口比较器

单值电压比较器和迟滞电压比较器在输入电压单一方向变化时，输出电压只翻转一次。为了检测出输入电压是否在两个给定电压之间，可采用窗口比较器。窗口比较器电路如图 3-26a 所示。窗口比较器又称为双限比较器。

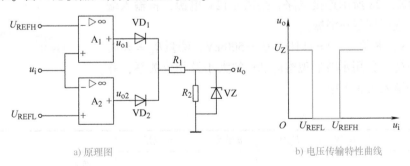

a) 原理图   b) 电压传输特性曲线

图 3-26 窗口比较器

当 $u_i > U_{REFH}$ 时，运放 A_1 输出 $u_{o1} = +U_{om}$，A_2 输出 $u_{o2} = -U_{om}$，VD_1 导通、VD_2 截止，当 $|-U_{om}| > U_Z$ 时，VZ 反向击穿，$u_o = +U_Z$。

当 $u_i < U_{REFL}$ 时，运放 A_1 输出 $u_{o1} = -U_{om}$，A_2 输出 $u_{o2} = +U_{om}$，VD_1 截止、VD_2 导通、当 $|-U_{om}| > U_Z$ 时，VZ 反向击穿，$u_o = +U_Z$。

当 $U_{\text{REFL}} < u_i < U_{\text{REFH}}$ 时，$u_{o1}=u_{o2}=-U_{om}$，VD$_1$、VD$_2$ 均截止，$u_o=0$。

通过以上分析，可画出窗口比较器的传输特性曲线如图 3-26b 所示。

图中，R_i、R_2、VZ 构成限流限幅电路。R_2 经 R_1 将 $+U_{om}$ 分压，要保证 VZ 反向击穿，则 U_{R2} 取值应略大于 U_Z，即

$$U_Z < U_{R2} = \frac{R_2}{R_1+R_2}U_{om}$$

R_1 具有降压、限流作用。

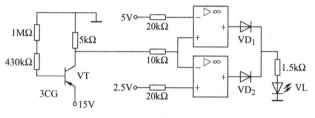

【例 3.2】 晶体管 β 值分选电路如图 3-27 所示，分别分析电路是否满足要求：$\beta<50$ 或 $\beta>100$，VL 亮；$50\leqslant\beta\leqslant100$，VL 不亮。

图 3-27　晶体管 β 值分选电路

解：$I_B=[(15-0.7)/(1000+430)]\text{mA}=0.01\text{mA}$

当 $\beta<50$ 时，$I_C<0.5\text{mA}$，$V_C<2.5\text{V}$，此时 VD$_2$ 导通，VL 亮。

当 $\beta>100$ 时，$I_C>1\text{mA}$，$V_C>5\text{V}$，此时 VD$_1$ 导通，VL 亮。

当 $50\leqslant\beta\leqslant100$ 时，$2.5\text{V}\leqslant V_C<5\text{V}$，此时 VL 不亮。

任务实施

1. 设备与器件

直流稳压电源、示波器、信号源、万用表、集成块 LM358、电阻等。各元器件的参数和型号详见各测试电路图。

2. 任务实施过程

（1）反相比例运算电路的组装与测试

1）按图 3-28 所示连接电路，接通 ±12V 电源，将输入端对地短路，进行调零和消振。

2）输入正弦信号：$f=1\text{kHz}$、$U_i=500\text{mV}$，测量 $R_L=\infty$ 时的输出电压 U_o，并用示波器观察 u_o 和 u_i 的大小及相位关系，并将测试结果填入表 3-3 中。

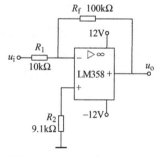

图 3-28　反相比例运算电路

表 3-3　反相与同相比例运算电路的测试

电路	U_i/V	U_o/V	u_i 波形	u_o 波形	A_u	
反相比例运算电路					实测值	计算值
同相比例运算电路					实测值	计算值

（2）同相比例运算电路的组装与测试

按图3-29所示连接电路，重复（1）的步骤，完成电路测量，将测试结果填入表3-3中。

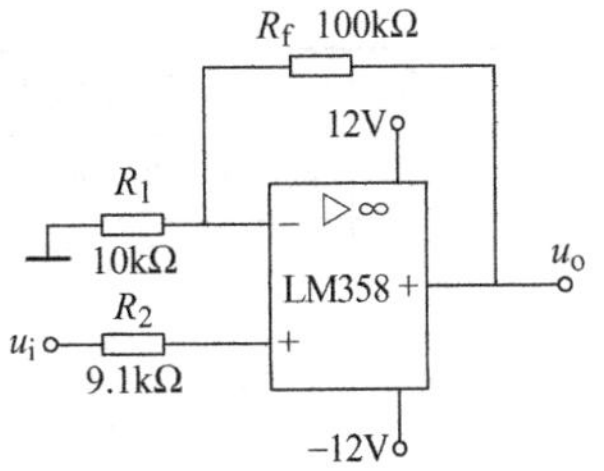

（3）过零比较器的组装与测试

1）按图3-30所示连接电路，检查无误后接通 ±12V 电源。

2）测量当比较器输入端悬空时的输出电压U_o = ＿＿＿＿。

3）调节信号源，使其输出的正弦波信号为 100Hz、1V，将其接入比较器输入端，用示波器观察比较器的输入、输出电压波形，并测出电压值U_i = ＿＿＿＿，U_o = ＿＿＿＿。

4）改变输入电压的幅值，用示波器观察输出电压的变化，记录并描绘出电压传输特性曲线。

3. 注意事项

1）集成块 LM358 的引脚不能接错，放大电路输出端不能短接。

2）电路接好后需经教师检查，确定无误后方可通电测试。

3）每次改接电路时，必须切断电源。

4）在使用示波器观察波形时，示波器"Y轴灵敏度"旋钮位置调好后，不要再变动，否则将不方便比较各个波形情况。

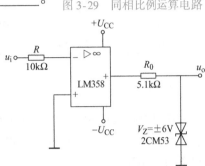

图3-29　同相比例运算电路

图3-30　过零比较器测试电路

4. 任务考核

1）根据表3-3的测试结果可以看出，同相比例运算电路的电压放大倍数A_u与R_f/R_1的值＿＿＿＿（有关/无关），且输出电压与输入电压相位＿＿＿＿（相同/相反）。

2）根据表3-3的测试结果可以看出，反相比例运算电路的电压放大倍数A_u与R_f/R_1的值＿＿＿＿（基本相等/相差很大），且输出电压与输入电压相位＿＿＿＿（相同/相反）。逐步增大输入信号幅度，当增大到＿＿＿＿时，输出波形出现＿＿＿＿现象，这说明该电路进入了＿＿＿＿（线性/非线性）区。

3）过零比较器中集成运算放大器工作于＿＿＿＿（开环/负反馈）状态。

项目制作　　红外线报警器的设计与制作

1. 设备与器件

主要包括直流稳压电源、示波器、万用表等。红外线报警器所需元器件（材）见表3-4。

表 3-4　红外线报警器所需元器件明细

序号	名称	元器件标号	规格型号	序号	名称	元器件标号	规格型号
1	电阻	R_1、$R_5 \sim R_7$、R_9、R_{10}、R_{12}	47kΩ、1/8W	8	电容	C_2	1000pF
2	电阻	R_2、R_3	18kΩ、1/8W	9	电容	C_3、$C_5 \sim C_7$、C_9	0.01μF
3	电阻	R_4	2kΩ、1/8W	10	发光二极管	VL_1	红色
4	电阻	R_8	2MΩ、1/8W	11	发光二极管	VL_2	绿色
5	电阻	R_{11}	22kΩ、1/8W	12	整流二极管	VD_1、VD_2	1N4001
6	电阻	R_{13}、R_{14}	200Ω、1/8W	13	人体红外传感器	PY	SD02
7	电容	C_1、C_4、C_8	0.01μF	14	集成运算放大器	$A_1 \sim A_4$	LM324

2. 电路分析

本项目电路采用 SD02 型热释电人体红外传感器，当人体进入该传感器的监视范围时，传感器就会产生一个交流电压，该电压的频率与人体移动的速度有关。在正常行走速度下，其频率约为 6Hz。

传感器的输出信号加到运算放大器 A_1 的同相输入端，构成同相输入放大电路，其放大倍数取决于 R_4 和 R_2。经 A_1 放大后的信号经电容 C_6 耦合到运算放大器 A_2 的反相输入端，构成反相输入放大电路。A_3 和 A_4 构成双限电压比较器。

在传感器无信号时，A_1 静态输出电压为 0.4 ~ 1V，A_2 在静态时，由于同相输入端电位为 2.5V，其直流输出电压为 2.5V。由于 $U_B < 2.5V < U_A$，故 A_3 和 A_4 输出低电平。因此在静态时，VL_1 和 VL_2 均不发光。

当人体进入监视范围时，双限电压比较器的输入发生变化。当人体进入监视范围时，A_2 输出电压大于 3V，因此 A_3 输出高电平，VL_1 亮；当人体退出监视范围时，A_2 输出电压小于 2V，因此 A_4 输出高电平，VL_2 亮。当人体在监视范围内走动时，VL_1 和 VL_2 交替闪烁。

3. 任务实施过程

（1）元器件的检测

1）外观质量检查。电子元器件应完整无损，各种型号、规格、标志应清晰、牢固，标志符号不能模糊不清或脱落。

2）元器件的测试与筛选。用万用表分别检测电阻、电容、二极管。

（2）元器件的引线成形和插装

按技术要求和焊盘间距对元器件的引线成形。在印制电路板上插装元器件，插装时应注意以下事项：

1）电阻和涤纶电容无极性之分，但插装时一定要注意电阻值和电容量，不能插错。

2）电解电容和发光二极管有正负极性之分，插装时要看清极性。

3）插装集成电路和传感器时要注意引脚。集成运算放大器 LM324 的引脚排列如图 3-31 所示。

（3）元器件的焊接

元器件焊接时间最好控制在 2 ~ 3s，焊接完成后，剪掉多余的引线。

（4）电路的调试

通电前，先仔细检查已焊接好的电路板，确保装接无误。然后，用万用表电阻档测量正负电源之间有无短路和开路现象，若不正常，则应排除故障后再通电。

在实验室实验时，直接用 SD02 检测人体运动。将传感器背对人体，用手臂在传感器前移动，观察发光二极管的亮暗情况，即可知道电路的工作情况。

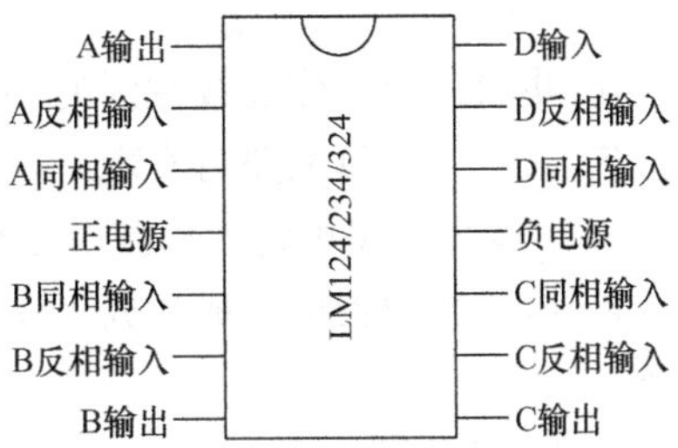

如电路不工作，在供电电压正常的前提下，可由前至后逐级测量各级输出端有无变化的电压信号，以判断电路及各级工作状态。在传感器无信号时，A_1 的静态输出电压为 0.4~1V，A_2 的静态输出电压为 2.5V，A_3、A_4 的静态输出均为低电平。若哪一级有问题，就排除该级的故障。

图 3-31 集成运算放大器
LM324 的引脚排列

项目小结

1. 差分放大电路是广泛使用的基本单元电路，其基本性能是抑制共模信号和放大差模信号。差分放大电路有四种接线方式：双端输入双端输出、双端输入单端输出、单端输入双端输出、单端输入单端输出，且双端输出时的各种性能均优于单端输出。

2. 集成运算放大器实际上是高增益直接耦合多级放大电路，集成运放在低频工作时，可将其视为理想运放。人们在应用中常把集成运算放大器特性理想化：$A_{od} \to \infty$，$R_{id} \to \infty$，$R_{od} = 0$，$K_{CMR} \to \infty$。理想的集成运放有两个工作区域，即线性区和非线性区。

3. 采用深度负反馈组态是集成运放线性应用的必要条件，具有"虚短"（$u_+ = u_-$）、"虚断"（$i_+ = i_-$）特性，这是分析集成运放线性电路最重要的基本概念。

4. 集成运放工作在开环状态或引用正反馈，会工作在非线性区域。集成运放工作在非线性区可用来作为信号的电压比较器，即对模拟信号进行幅值大小的比较，在集成运放的输出端则以高电平或低电平来反映比较的结果。集成运放非线性应用时输出只有高电平 $+U_{om}$ 和低电平 $-U_{om}$ 两种状态。

思考与练习

3.1 填空题

1. 当差分放大电路两边的输入电压为 $u_{i1} = 3V$，$u_{i2} = -5V$ 时，输入信号的差模分量为＿＿＿＿＿，共模分量为＿＿＿＿＿。

2. 差分放大电路对＿＿＿＿＿输入信号具有良好的放大作用，对＿＿＿＿＿输入信号具有很强的抑制作用。

3. 共模抑制比 K_{CMR} 为 ＿＿＿＿＿之比，电路的 K_{CMR} 越大，表明电路＿＿＿＿＿能力越强。

4. 理想集成运放的 $A_{ud} = $＿＿＿＿＿，$K_{CMR} = $＿＿＿＿＿。

5. 集成运放做线性应用时，必须构成＿＿＿＿＿组态；做非线性应用时，必须构成

_____和_____组态。

6. 集成运放工作在线性区的必要条件是_____，特点是_____和_____。

7. _____运算电路可实现$A_u > 1$的放大器，_____运算电路可实现$A_u < 1$的放大器，_____运算电路可将三角波电压转换成方波电压。

8. 电压比较器中集成运放工作在非线性区，输出电压u_o只有_____和_____两种状态。

3.2　判断题

1. 放大电路的零点漂移是指输出信号不能稳定于零电压。（　　）

2. 一个理想的差分放大电路，只能放大差模信号，不能放大共模信号。（　　）

3. 凡是用集成运放构成的运算电路，都可以用"虚短"和"虚断"概念求解运算关系。（　　）

4. 集成运放组成运算电路时，它的反相输入端均为虚地。（　　）

5. 理想的集成运放电路输入电阻为无穷大，输出电阻为零。（　　）

6. 当比较器的同相输入端电压大于反相输入端电压时，输出端电压为$+U_{om}$。（　　）

7. 集成运放电路必须引入深度负反馈。（　　）

8. 理想运放构成线性应用电路时，电路增益与运放本身参数无关。（　　）

9. 集成运放构成的放大电路不仅能放大交流信号，也能放大直流信号。（　　）

10. 理想运放中"虚地"表示两输入端对地短路。（　　）

11. 电压比较器的输出电压只有两种数值。（　　）

3.3　选择题

1. 集成运放的输入级采用差分放大电路是因为可以（　　）。

A. 克服温漂　　　　B. 提高输入电阻　　　C. 稳定放大倍数

2. 差分放大电路抑制零点漂移的效果取决于（　　）。

A. 两管的静态工作点　　　　　　B. 两管的电流放大倍数

C. 两管的对称性　　　　　　　　D. 两管的穿透电流

3. 放大电路产生零点漂移的主要原因是（　　）。

A. 放大倍数太大　　　　　　　　B. 环境温度变化引起器件参数变化

C. 外界存在干扰源

4. 在图3-5a所示电路中，若$u_{i1} = 0.05\text{V}$，$u_{i2} = -0.05\text{V}$，差模电压放大倍数$A_{ud} = 100$，则输出信号电压为（　　）。

A. −5V　　　　　　B. 5V　　　　　　C. 10V　　　　　　D. 0V

5. 理想运算放大器在线性区工作时的两个重要特点是（　　）。

A. 虚短和虚断　　　B. 虚短和虚地　　　C. 虚断和虚地　　　D. 同相和反相

6. 用集成运放构成功能电路，为达到以下目的，应选用对应电路。

(1) 欲实现$A_{ud} = -50$的放大电路，应选（　　）；

(2) 对共模信号有很大的抑制作用，应选（　　）；

(3) 在直流量上叠加一正弦波电压，应选（　　）；

(4) 将矩形波转换成尖顶波，应选（　　）。

A. 反相输入放大运算电路　　　　　　B. 同相输入放大运算电路

C. 差分输入放大电路　　　　D. 微分运算电路　　　　E. 积分运算电路

7. 在多个输入信号的情况下，要求各输入信号互不影响，宜采用（　　）方式的电路。如要求能放大两信号的差值，又能抑制共模信号，则应采用（　　）方式电路。

A. 同相输入　　　　　　　　　　　　B. 反相输入

C. 差分输入　　　　　　　　　　　　D. 以上三种都不行

8. （　　）运算电路可将方波电压转换成三角波电压。

A. 微分　　　　　B. 积分　　　　　C. 乘法　　　　　D. 除法

9. 由运放组成的电路中，工作在非线性状态的电路是（　　）。

A. 反相放大器　　　B. 差分放大器　　　C. 电压比较器　　　D. 同相放大器

10. 由集成运放组成的电路如图 3-32 所示。其中图 3-32a 是（　　），图 3-32b 是（　　），图 3-32c 是（　　）。

A. 积分运算电路　　　B. 微分运算电路　　　C. 迟滞电压比较器

D. 反相求和运算电路　E. 单值电压比较器电路

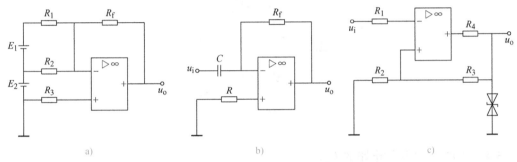

图 3-32　选择题 10 图

11. 如图 3-33 所示，理想集成运放的输出电压 u_o 应为（　　）。

A. $-6V$　　　　　B. $-4V$　　　　　C. $-2V$　　　　　D. $-1V$

3.4　图 3-34 所示电路中，已知 $u_i = 1V$。试求：（1）开关 S_1、S_2 都闭合时的 u_o 值；（2）S_1 闭合、S_2 断开时的 u_o 值；（3）开关 S_1、S_2 都断开时的 u_o 值。

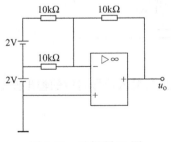

图 3-33　选择题 11 图

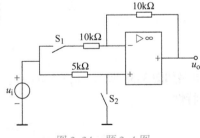

图 3-34　题 3.4 图

3.5　有一差分放大电路，已知 $u_{i1} = 2V$，$u_{i2} = 2.001V$，$A_{ud} = 40dB$，$K_{CMR} = 100dB$，试求输出电压 u_o 的差模成分 u_{od} 和共模成分 u_{oc}。

3.6　如图 3-35a 所示电路中，参考电压 $U_{REF} = 3V$，稳压二极管稳压值为 5V，正向压降为 0.7V，在图 3-35b 中画出电压传输特性曲线。

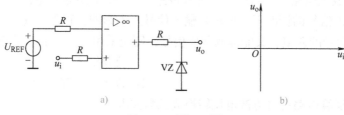

图 3-35 题 3.6 图

3.7 用运放构成稳压二极管参数测量电路如图 3-36 所示, 已 $U_S = 5V$, $R = 1k\Omega$, 测得电压表读数为 $-11.3V$。

（1）求通过稳压二极管的电流和稳压二极管的稳压值；

（2）若将 U_S 增大到 7V, 测得电压表读数为 $-13.36V$, 求稳压二极管 VZ 的动态电阻 r_z。

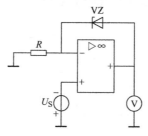

图 3-36 题 3.7 图

3.8 求图 3-37 所示电路的 U_o。

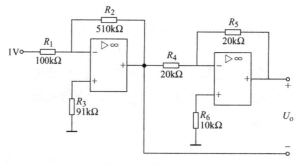

图 3-37 题 3.8 图

3.9 电路如图 3-38 所示, $u_i = 5\sin\omega t V$。（1）画出与输入信号对应的输出波形；（2）画出电压传输特性。

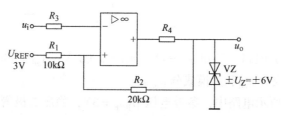

图 3-38 题 3.9 图

3.10　图 3-39 所示为一稳压电路，U_Z 为稳压二极管 VZ 的稳压值，且 $u_i > U_Z$，写出 u_o 的表达式。

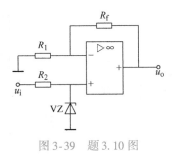

图 3-39　题 3.10 图

3.11　电路如图 3-40 所示，集成运放输出电压的最大幅值为 ±15V，稳压二极管 $U_Z = 8V$，若 $U_R = 4V$，画出电路的电压传输特性曲线。若 $u_i = 10\sin\omega t$V，画出输出电压的波形。

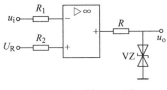

图 3-40　题 3.11 图

3.12　如图 3-41 所示，求输出电路 u_o 与输入电压 u_{i1}、u_{i2} 的关系式。

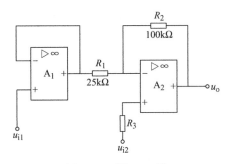

图 3-41　题 3.12 图

3.13　图 3-42 所示电路是应用集成运算放大器测量电阻的原理电路，设图中集成运放为理想器件。当输出电压为 5V 时，试计算被测电阻 R_x 的阻值。

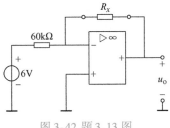

图 3-42 题 3.13 图

3.14　图 3-43 是监控报警装置，如需对某一参数（如温度、压力等）进行监控时，可由传感器取得监控信号 u_i，U_R 是参考电压。当 u_i 超过正常值时，报警灯亮，试说明其工作原理。二极管 VD 和电阻 R_3 在此起何作用？

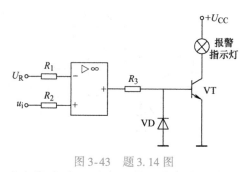

图 3-43   题 3.14 图

项目4

简易电梯呼叫系统的设计与制作

项目剖析

设计并制作一套简易电梯呼叫系统，假设有 9 层楼层，每一层楼设置一个按钮，如需要乘坐电梯时，按下按钮。若多层同时呼叫时，只响应最高层的呼叫，并显示所响应的楼层。在数字电路中处理的数据均为二进制数，利用编码器对 9 个按钮进行编码，楼层的显示采用数码管实现，数码管需要显示译码器驱动。因此简易电梯呼叫系统由四部分组成，即呼叫按钮、编码器、译码器和数码显示管。简易电梯呼叫系统组成框图如图 4-1 所示。

简易电梯呼叫系统电路图如图 4-2 所示。按钮系统选用 9 个开关，当开关闭合时，为低电平；断开时，为高电平。多个楼层同时呼叫时，只响应最高层，需要选用集成 10 线 −4 线优先编码器 74LS147。优先编码器的输出经非门反相后送给七段显示译码器 74LS48，译码器输出直接驱动数码管显示楼层数。

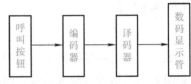

图 4-1　简易电梯呼叫系统组成框图

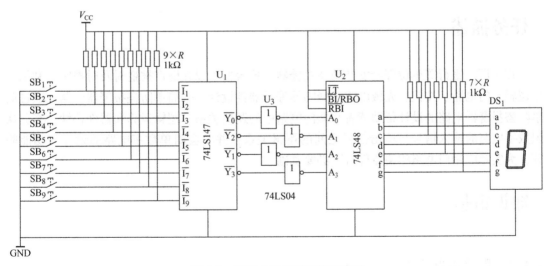

图 4-2　简易电梯呼叫系统电路图

项目目标

本项目通过简易电梯呼叫系统的制作，达到以下目标：

1. 掌握逻辑门电路的基本使用方法及应用。
2. 掌握组合逻辑电路的分析和设计方法。
3. 熟悉电子产品从电路设计、电路组装到功能调试的制作工序。

1. 能熟练进行元器件的选择、检测。
2. 能正确使用常用仪器仪表及工具书。
3. 能熟练进行电路的焊接与组装。
4. 能进行简易电梯呼叫系统的故障分析。

任务 4.1　　保险箱防盗报警器电路的设计

任务导入

数字信号是不连续的脉冲信号，处理数字信号的电路称为数字电路。在数字电路中，主要是研究输出信号与输入信号之间的关系，也就是电路的逻辑功能。门电路是能够实现某一逻辑功能的电路，是数字电路的基本单元。

任务描述

在工厂、银行等单位都会安装防盗报警器，报警器可以在财产被盗时及时报警。利用一个逻辑与门电路、按钮、光敏电阻、蜂鸣器等元器件设计一个简单防盗报警器电路。通过简单防盗报警器电路的设计帮助读者掌握门电路中的逻辑关系、逻辑运算和器件特性，充分认识数字电路的输入信号与输出信号之间的逻辑关系；并学会简单数字电路的设计与功能验证，为实际应用门电路相关器件打下必要基础。

知识链接

4.1.1　数字电路概述

1. 数字信号与数字电路的概念

数字电子技术已经广泛应用于电视、雷达、通信、电子计算机、自动控制、电子测量仪表、核武器、航天等各个领域。例如，在测量仪表中，数字测量仪表不仅比模拟仪表测量精度高、测试功能强，而且还易实现测试的自动化和智能化；在通信系统中，应用数字电子技术的数字通信系统，不仅比模拟通信系统抗干扰能力强、保密性好，而且还能应用电子计算机进行信息处理和控制，形成以计算机为中心的自动交换通信网。随着集成电路技术的发展，尤其是大规模和超大规模集成器件的发展，使得各种电子系统可靠性大大提高，设备的体积大大缩小，各种功能尤其是自动化和智能化程度大大提高。因此，数字电子技术已成为电子工程各专业的主要技术基础课程之一。

在自然界中，存在着许许多多的物理量，例如时间、温度、压力、速度等，它们在时间和数值上都具有连续变化的特点，这种连续变化的物理量，习惯上称为模拟量。把表示模拟量的信号叫作模拟信号。 例如，正弦变化的交流信号，它在某一瞬间的值可以是一个数值区间内的任何值。人们把传递、处理模拟信号的电路称为模拟电路，例如电压放大电路、正弦振荡电路等。

还有一种物理量，它们在时间上和数值上是不连续的，它们的变化总是发生在一系列离散的瞬间，它们的数值大小和每次的增减变化都是某一个最小单位的整数倍，而小于这个最小量单位的数值是没有物理意义的。例如用电子电路记录自动生产线上输出的零件数目，这一类物理量叫作数字量。把表示数字量的信号叫作数字信号。用于传递、处理数字信号的电子电路称为数字电路。典型的模拟信号和数字信号如图4-3所示。

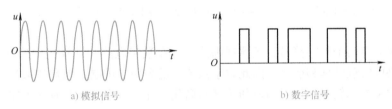

a) 模拟信号　　　　　　　　　　　　b) 数字信号

图4-3　模拟信号和数字信号

2. 数字电路的特点

与模拟电路相比，数字电路主要有以下特点：

1）数字电路研究的是输入信号的状态和输出信号的状态之间的逻辑关系，以反映电路的逻辑功能，其分析的主要工具是逻辑代数，数字电路又称为逻辑电路。

2）工作可靠性高、抗干扰能力强。数字信号用0和1表示，不易受到噪声干扰，抗干扰能力强。

3）便于高度集成化。由于数字电路结构简单，又允许电路元件参数有较大的离散性，因此便于集成化。

4）数字集成电路产品系列多、通用性强、成本低。

5）数字电路不仅能完成算术运算，而且能进行逻辑运算。

4.1.2　数制与码制

1. 数制

所谓数制就是计数的方法。把一组多位数码中每一位的构成方法以及低位向高位的进位规则称为数制。常用的数制有十进制、二进制、八进制和十六进制等。

（1）十进制（Decimal）

人们日常生活中最常用的是十进制数。十进制是以 10 为基数的计数体制，有 0、1、2、3、4、5、6、7、8、9 十个数码，计数遵循"逢十进一"的进位规则。任意十进制数可以表示为各数码与其对应的权乘积之和，即

$$(N)_{10} = \sum_{i=-m}^{n-1} k_i \times 10^i \tag{4-1}$$

式中，n 为整数的位数；m 为小数的位数；i 为当前的数码所在位置；k_i 为第 i 位的数码；10^i 表示十进制数第 i 位的权。

如：$(5555)_{10} = 5 \times 10^3 + 5 \times 10^2 + 5 \times 10^1 + 5 \times 10^0$

$(209.04)_{10} = 2 \times 10^2 + 0 \times 10^1 + 9 \times 10^0 + 0 \times 10^{-1} + 4 \times 10^{-2}$

（2）二进制（Binary）

二进制是以 2 为基数的计数体制，数码为 0 和 1，进位规则为"逢二进一"，即 $1 + 1 = 10$。任意的二进制可以表示为

$$(N)_2 = \sum_{i=-m}^{n-1} k_i \times 2^i \tag{4-2}$$

如：$(101.01)_2 = 1 \times 2^2 + 0 \times 2^1 + 1 \times 2^0 + 0 \times 2^{-1} + 1 \times 2^{-2} = (5.25)_{10}$

由此可见，将一个二进制数按照位权展开求和即可转换为十进制数。

二进制中只有两个数字符号，运算规则简单，在数字电路和计算机中通常采用二进制，很容易在电路中实现处理和运算，因此数字系统广泛采用二进制。但是如果数值较大，表示二进制需要的位数比较多，为了书写和记忆的简化，在数字系统中有时候也使用八进制和十六进制。

（3）八进制（Octal）

八进制是以 8 为基数的计数体制，有 0、1、2、3、4、5、6、7 八个数码，进位规则为"逢八进一"。任意的八进制可以表示为

$$(N)_8 = \sum_{i=-m}^{n-1} k_i \times 8^i \tag{4-3}$$

如：$(703.67)_8 = 7 \times 8^2 + 0 \times 8^1 + 3 \times 8^0 + 6 \times 8^{-1} + 7 \times 8^{-2} = (451.859375)_{10}$

（4）十六进制（Hexadecimal）

十六进制是以 16 为基数的计数体制，有 0、1、2、3、4、5、6、7、8、9、A、B、C、D、E、F 十六个数码，进位规则为"逢十六进一"。任意的十六进制可以表示为

$$(N)_{16} = \sum_{i=-m}^{n-1} k_i \times 16^i \tag{4-4}$$

如：$(4E6)_{16} = 4 \times 16^2 + 14 \times 16^1 + 6 \times 16^0 = (1254)_{10}$

2. 数制的转换

（1）非十进制转换成十进制

二进制、八进制、十六进制转换成十进制，只要把它们按照位权展开，求出各加权系数之和，就得到相应进制数所对应的十进制数，如：

$$(101010)_2 = (1 \times 2^5 + 0 \times 2^4 + 1 \times 2^3 + 0 \times 2^2 + 1 \times 2^1 + 0 \times 2^0)_{10} = (42)_{10}$$

$$(127)_8 = (1 \times 8^2 + 2 \times 8^1 + 7 \times 8^0)_{10} = (87)_{10}$$

$$(5D)_{16} = (5 \times 16^1 + 13 \times 16^0)_{10} = (93)_{10}$$

（2）十进制转换成二进制

方法为：十进制数除 2 取余法，即十进制数除 2，余数为权位上的数，得到的商值继续除 2，依此步骤继续向下运算直到商为 0 止。

【例 4.1】 将十进制数 25 转换为二进制数。

解：

所以 $(25)_{10} = (11001)_2$。

十进制数与十六进制数、八进制数的转换，可以先进行十进制数与二进制数的转换，再进行二进制数与十六进制数、八进制数的转换。

（3）二进制和八进制的转换

1）二进制数转换为八进制数。方法为：把二进制数从小数点位置向两边按 3 位二进制数划分开，不足 3 位的补 0，然后把 3 位二进制数按权展开相加就是对应的八进制数。

【例 4.2】 将二进制数 10110 转换为八进制数。

解：$(10110)_2 = (\underline{010}\ \underline{110})_2 = (\underline{0 \times 2^2 + 1 \times 2^1 + 0 \times 2^0}\ \underline{1 \times 2^2 + 1 \times 2^1 + 0 \times 2^0})_8$

$$= (26)_8$$

2）八进制数转换为二进制数。方法为：将八进制数的每一位用 3 位二进制数表示出来即为对应的二进制数。通过除 2 取余法，得到二进制数，每个八进制为 3 个二进制，不足时在最左边补 0。

【例 4.3】 将八进制数 52 转换为二进制数。

解：$(52)_8 = (101\ 010)_2 = (101010)_2$

（4）二进制和十六进制的相互转换

1）二进制数转换为十六进制数。方法为：与二进制数转换为八进制数的方法近似，只需把二进制数从小数点位置向两边按 4 位二进制数划分开，不足 4 位的补 0，然后把 4 位二进制数表示的十六进制数写出来就是对应的十六进制数。

【例 4.4】 将二进制数 101101110 转换为十六进制数。

解：$(101101110)_2 = (\underline{0001}\ \underline{0110}\ \underline{1110})_2 = (16E)_{16}$

2）十六进制数转换为二进制。方法为：将十六进制数的每一位用 4 位二进制数表示出来即为对应的二进制数。十六进制数通过除 2 取余法，得到二进制数，每个十六进制为 4 个二进制，不足时在最左边补 0。

【例 4.5】 将十六进制数 F8A 转换为二进制数。

解：$(F8A)_{16} = (1111\ 1000\ 1010)_2 = (111110001010)_2$

3. 码制

用以表示文字、符号等信息的二进制数码称为代码。建立这种代码与文字、符号或其他特定对象之间一一对应关系的过程，称为编码。

二 – 十进制编码是用 4 位二进制数来表示十进制数中的 0 ~ 9 十个数码，简称 BCD 码。几种常见的二 – 十进制码见表 4-1。

表 4-1　几种常用的二 – 十进制码

十进制数码	8421 码	2421 码	5421 码	余 3 码	格雷码
0	0000	0000	0000	0011	0000
1	0001	0001	0001	0100	0001
2	0010	0010	0010	0101	0011
3	0011	0011	0011	0110	0010
4	0100	0100	0100	0111	0110
5	0101	1011	1000	1000	0111
6	0110	1100	1001	1001	0101
7	0111	1101	1010	1010	0100
8	1000	1110	1011	1011	1100
9	1001	1111	1100	1100	1000
位权	8421	2421	5421	无权	无权

（1）8421BCD 码

8421BCD 码是最常用的一种 BCD 码，选取 0000 ~ 1001 这 10 个状态来表示十进制数。这种代码每一位的权值是固定不变的，为恒权码，从高位到低位的位权分别为 8、4、2、1。

【例 4.6】　将十进制数 473 转换为 8421BCD 码。

解：将 4 转换为 0100，7 转换为 0111，3 转换为 0011，所以十进制数 473 转换为 8421BCD 码为 010001110011。

$$(473)_{10} = (0100\ 0111\ 0011)_{8421BCD}$$

（2）5421BCD 码

恒权码，从高位到低位的位权分别为 5、4、2、1。

（3）2421BCD 码

恒权码，从高位到低位的位权分别为 2、4、2、1。

（4）余 3 码

无权码，没有固定的位权，这种编码的每一个码与对应的 8421BCD 码之间相差 3，故称为余 3 码，一般使用较少。

【例 4.7】　$(0001)_{8421BCD} = (0100)_{余3码}$

$$(36)_{10} = (0110\ 1001)_{余3码}$$

（5）格雷码

无权码，特点是任意两组相邻代码之间只有一位不同，因而常用于模拟量和数字量的转换，在模拟量发生微小变化而可能引起数字量发生变化时，格雷码只改变 1 位，这样与其他码同时改变两位或多位的情况相比更为可靠，即可减少转换和传输出错的可能性。

基本逻辑关系

4.1.3　基本逻辑门电路

门电路是数字电路中最基本的逻辑器件。所谓"门"，就是一种开关，在一定条件下能允许信号通过，条件不满足，信号就不通过。门电路的输入信号与输出信号之间存在一定的逻辑关系，所以门电路又称为逻辑门电路。基本门电路有与门、或门和非门。

1. 与门

只有决定事物结果的全部条件同时具备时，结果才发生，这种因果关系叫与逻辑关系。与逻辑控制电路如图4-4a所示。开关 A 与 B 串联在回路中，两个开关都闭合时，灯 Y 亮。若其中任意一个开关断开，灯就不亮。这里开关 A、B 的闭合与灯亮的关系称为逻辑与，也称逻辑乘。与逻辑表达式为

$$Y = A \cdot B = AB \tag{4-5}$$

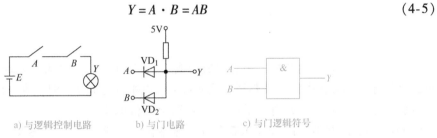

a) 与逻辑控制电路　　　b) 与门电路　　　c) 与门逻辑符号

图4-4　与门电路及逻辑符号

实现与逻辑的电路称为与门电路。与门电路如图4-4b所示，这是一种由二极管组成的与门电路，图中，A、B 为输入端，Y 为输出端。根据二极管导通和截止条件，当输入端全为高电平（逻辑1）时，二极管 VD_1 和 VD_2 都截止，则输出端为高电平（逻辑1）；若输入端有1个或一个以上为低电平（逻辑0）时，则对应的二极管导通，输出端电压被下拉为低电平（逻辑0）。可知，与逻辑关系遵循逻辑规律为"全1出1，有0出0"。与门逻辑符号如图4-4c所示。

与逻辑真值表见表4-2，真值表是用来描述逻辑电路的输入和输出逻辑变量间逻辑关系的表格。

常用与门集成电路芯片有 4 - 2 输入与门 74LS08 和 CD4081，它的内部有 4 个相同的 2 端输入与门，每一个与门都可以单独使用，电源电压为 5V，共有 14 个引脚，引脚图如图4-5所示。

表4-2　与逻辑真值表

输入		输出
A	B	Y
0	0	0
0	1	0
1	0	0
1	1	1

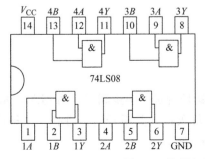

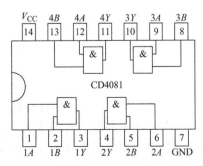

图4-5　常用与门集成电路引脚图

2. 或门

在决定事物结果的条件中只要有一个或者几个条件具备，该事件就会发生，这种因果关系叫逻辑或关系。如图4-6a所示，开关 A 与 B 并联在回路中，开关 A 或 B 只要有一个闭合时灯 Y 就亮；只有 A、B 都断开时，灯 Y 才不亮，这种逻辑关系就称为逻辑或，也称为逻辑加，或逻辑表达式为

$$Y = A + B \tag{4-6}$$

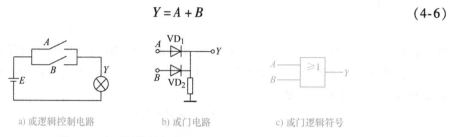

a) 或逻辑控制电路　　　　b) 或门电路　　　　c) 或门逻辑符号

图4-6　或逻辑控制电路及或门电路、逻辑符号

如图4-6b所示，这是由二极管组成的或门电路，图中 A、B 为输入端，Y 为输出端。根据二极管导通和截止条件，只要任一输入端为高电平（逻辑 1）时，则与该输入端相连的二极管就导通，使输出 Y 为高电平；当输入端全为低电平（逻辑 0）时，二极管 VD_1 和 VD_2 都截止，则输出端为低电平（逻辑 0）。图4-6c是或门逻辑符号。

或逻辑的真值表见表4-3，由真值表分析可知，或逻辑关系满足"有 1 出 1，全 0 出 0"的逻辑规律。

常用或门集成电路芯片有 4 – 2 输入或门 74LS32 和 CD4071，引脚图如图4-7所示。

表4-3　或逻辑真值表

输入		输出
A	B	Y
0	0	0
0	1	1
1	0	1
1	1	1

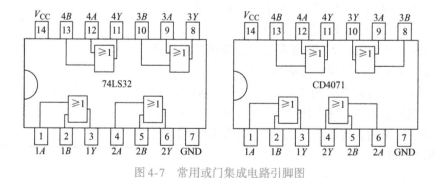

图4-7　常用或门集成电路引脚图

3. 非门

只要条件具备了，结果便不会发生；而条件不具备时，结果一定发生。这种逻辑关系叫作逻辑非关系，也叫作逻辑求反。非就是反，就是否定。非逻辑关系可用图4-8a所示电路来表示，开关 A 与灯泡 Y 并联，开关闭合时，灯灭；开关断开时，灯亮。这种逻辑关系就是非逻辑关系，即"事情的结果和条件呈相反状态"。

非逻辑表达式为

$$Y = \overline{A} \tag{4-7}$$

实现非逻辑的电路称为非门电路。晶体管非门电路又称为反相器，利用晶体管的开关作用实现非逻辑功能，其电路和逻辑符号如图4-8b、c所示。当输入端 A 为低电平（逻辑0）时，晶体管截止，输出端为高电平（逻辑1）；当输入端 A 为高电平（逻辑1）时，晶体管饱和导通，输出端为低电平（逻辑0）。非门的逻辑规律是"有0出1，有1出0"。

非逻辑真值表见表4-4。

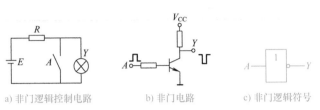

a) 非门逻辑控制电路　　　b) 非门电路　　　c) 非门逻辑符号

图4-8　非逻辑控制电路及非门电路、逻辑符号

表4-4　非逻辑真值表

输入	输出
A	Y
0	1
1	0

常用非门集成电路芯片有6反相器74LS04和CD4069，引脚图如图4-9所示。

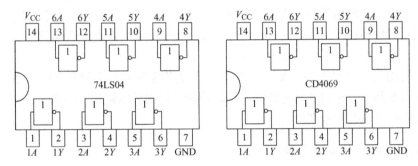

图4-9　常用非门集成电路引脚图

4. 复合逻辑门电路

将3种基本逻辑门电路适当组合，就构成复合逻辑门。常用的复合门电路的逻辑关系表达式、逻辑符号、逻辑运算规律见表4-5。

表4-5　常用的复合门电路

逻辑关系名称	逻辑表达式	逻辑符号	逻辑运算规律
与非	$Y = \overline{AB}$		有0出1，全1出0
或非	$Y = \overline{A + B}$		有1出0，全0出1
与或非	$Y = \overline{AB + CD}$		与项为1，结果为0 其余输出全为1

（续）

逻辑关系名称	逻辑表达式	逻辑符号	逻辑运算规律
异或	$Y = A \oplus B$	$A \quad B$ —$\boxed{=1}$— Y	异入出 1，同入出 0
同或	$Y = A \odot B$	$A \quad B$ —$\boxed{=1}$ o— Y	异入出 0，同入出 1

4.1.4　集成门电路

1. 集成门电路的分类

前面介绍的门电路是由二极管或晶体管等器件组成的分立器件门电路。分立器件门电路的缺点是使用器件多、体积大、工作速度低、可靠性差、带负载能力较差等。

数字电路中广泛采用集成电路。所谓集成电路是采用一定的生产工艺，将晶体管、电阻、电容等元器件和连线制作在同一块半导体基片上，封装后所构成的电路单元。集成电路具有体积小、可靠性高、工作速度快等许多优点。

目前，使用的门电路大多为集成门电路，最常用的是 TTL 系列和 CMOS 系列。在两种不同系列的门电路中，它们虽具有相同的逻辑功能，但两者的结构、制造工艺却不同，其外形尺寸、性能指标也有所差别。

2. 集成门电路使用注意事项

1）在使用集成门电路时，首先要根据工作速度、功耗指标等要求，合理选择逻辑门的类型，然后确定合适的集成门型号。在许多电路中，TTL 和 CMOS 门电路会混合使用，因此，要熟悉各类集成逻辑门电路的性能及主要参数的数据范围。由于产品种类繁多，生产厂家不同，不同型号的产品，乃至同一型号产品的主要参数都有很大的差异，使用时应以产品说明书为准。

2）在 TTL 和 CMOS 门电路混合使用时，无论是 TTL 门驱动 CMOS 门，还是 CMOS 门驱动 TTL 门，都必须做到驱动门能为负载门提供符合要求的高、低电平和足够的输入电流。

3）集成门电路多余的输入端在实际使用时一般不悬空，主要是防止干扰信号串入，造成逻辑错误。对于 CMOS 门电路是绝对不允许悬空的。因为 CMOS 管的输入阻抗很高，更容易接受干扰信号，在外界静电干扰时，还会在悬空的输入端积累高电压，造成栅极击穿。多余输入端的处理一般有以下几种方法：

① 对于与门、与非门，多余输入端应接高电平。可直接接电源的正极，或通过一个数千欧的电阻接电源的正极，如图 4-10a 所示；在前级驱动能力允许时，可与有用输入端并联，如图 4-10b 所示；对于 TTL 门电路，在外界干扰很小时，可以悬空。

② 对于或门、或非门，多余输入端应接低电平。可直接接地，如图 4-11a 所示；或与有用的接入端并联，如图 4-11b 所示。

③ 对于与或非门中不使用的与门，至少一个输入端接地。

④ 多余输入端并联使用会降低速度，一般输入端不并联使用，工作速度慢时，可以将

输入端并联使用。

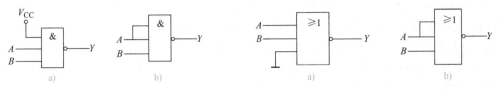

图 4-10 与非门多余输入端处理 图 4-11 或非门多余输入端处理

4）输出端的连接。输出端不能接电源或地；同一芯片的相同门电路可并联使用，可提高驱动能力；CMOS 输出接有大电容负载时，在输出端和电容间要接一个限流电阻。

任务实施

1. 设备与器件

电工电子实验台、74LS08、1kΩ 电阻、光敏电阻、晶体管、扬声器。

2. 任务实施过程

（1）集成电路引脚识别

集成电路引脚排列顺序的标志一般有色点、凹槽、管键及封装时压出的圆形标志。对于 74 系列双列直插式集成电路，引脚的识别方法是将集成电路水平放置，引脚向下，标志朝左边，左下角为第一个引脚，然后按逆时针方向数，依次为 2，3，4 等。

（2）74LS08 集成电路功能测试

74LS08 是 4 – 2 输入与门，内部有 4 个与门，每个与门有两个输入端和一个输出端。74LS08 引脚及内部电路图如图 4-5 所示。

在电工电子实验台上，在电源关闭的情况下，将 74LS08 插入适当位置，用导线将 V_{CC} 和 GND 分别接到直流电源的 5V 和接地处，将输入端连接到电平开关，输出端接电平指示灯插孔。检查无误后闭合电源开关，仔细观察实验现象，并做好相关记录。依次检测 74LS08 每个与门，将结果分别记录在表 4-6 中。

表 4-6 74LS08 的检测记录

1A	1B	1Y	3A	3B	3Y
0	0		0	0	
0	1		0	1	
1	0		1	0	
1	1		1	1	
2A	2B	2Y	4A	4B	4Y
0	0		0	0	
0	1		0	1	
1	0		1	0	
1	1		1	1	

（3）保险箱防盗报警器电路测试

图4-12所示为利用一个74LS08与门逻辑电路和按钮、光敏电阻、扬声器等元器件组成的简单保险箱防盗报警器的电路图。该报警器的工作原理为：当放在保险箱前地板上的按钮SB被脚踩下而闭合，A点为高电压，用"1"表示，同时安装在保险箱里的光敏电阻R_g被手电筒照射时，光敏电阻的阻值减小，两端的分压减小，则B点为高电压，也表现为"1"，当A、B都为高电压时，与门的输出端Y为高电压，扬声器就会发出鸣叫声。按照图4-12在电工电子实验台上搭线，蜂鸣器可用实验台的发光二极管代替。检查无误后闭合电源开关，仔细观察实验现象，并做好相关记录，见表4-7。

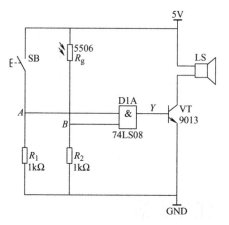

图4-12　保险箱防盗报警器电路

表4-7　保险箱防盗报警器电路测试结果

开关SB	光敏电阻R_g	测试		灯的亮灭	
断开（代表正常开箱）	未遮挡（代表有手电筒照射），测试R_g的阻值为（　　）	A点电压值（　）			
		B点电压值（　）		（　）	
		Y点电压值（　）			
	遮挡（代表　　　），测试R_g的阻值为（　）	A点电压值（　）			
		B点电压值（　）		（　）	
		Y点电压值（　）			
闭合（代表踩到报警开关）	未遮挡（代表有手电筒照射），测试R_g的阻值为（　　）	A点电压值（　）			
		B点电压值（　）		（　）	
		Y点电压值（　）			
	遮挡（代表　　　），测试R_g的阻值为（　）	A点电压值（　）			
		B点电压值（　）		（　）	
		Y点电压值（　）			

3. 注意事项

1）插接集成芯片时，认清标记，不得插反。

2）电源电压为5V，注意电源极性。

3）TTL集成门电路闲置输入端处理方法：

根据门电路逻辑功能，与门和与非门闲置输入端的处理方法如下：①悬空；②接高电平，即通过限流电阻与电源相连接；③与使用的输入端并联使用。

或门和或非门闲置输入端的处理方法如下：①接地；②接低电平，即通过限流电阻与GND相连接。

4. 任务考核

记录测试结果，写出实训报告，并思考下列问题：

1）当光照强度变大时，光敏电阻阻值_____，两端电压_____。

2）逻辑与门的逻辑表达关系式是_____，运算规则为_____。

3）写出与门电路的真值表。

任务 4.2 　　电子表决器电路的设计

任务导入

在理解各种逻辑关系，掌握门电路的逻辑功能和外部特性的基础上，利用逻辑函数的表示方法、化简与转换等进行组合逻辑电路的分析和设计，利用基本门电路可以组成具有各种逻辑功能的逻辑电路。

任务描述

设计一个"我是大明星"比赛的电子表决电路。设比赛有4个裁判，当多数人（3人或4人）同意时，表示晋级，否则淘汰，要求用与非门实现。这是一个组合逻辑电路的设计问题，组合逻辑电路是指在任何时刻，输出状态只决定于同一时刻各输入状态的组合，与电路以前状态无关。通过电子表决器电路的设计帮助同学们掌握组合逻辑电路的分析和设计方法。

知识链接

4.2.1　逻辑函数的表示方法及化简

1. 逻辑代数的基本公式和基本定律

和普通代数一样，逻辑代数有一套完整的运算规则，包括公理、定理和定律，用它们对逻辑函数式进行处理，可以完成对电路的化简、变换、分析和设计。

逻辑代数基本公式和基本定律见表4-8。

表 4-8　逻辑代数基本公式和基本定律

基本公式	$A + 0 = A$	$A \cdot 0 = 0$
	$A + 1 = 1$	$A \cdot 1 = A$
	$A + A = A$	$A \cdot A = A$
	$A + \overline{A} = 1$	$A \cdot \overline{A} = 0$
交换律	$A + B = B + A$	$AB = BA$
结合律	$(A + B) + C = A + (B + C)$	$(AB)C = A(BC)$

（续）

分配律	$A + BC = (A+B)(A+C)$	$A(B+C) = AB + AC$
吸收律	$AB + A\overline{B} = A$	$(A+B)(A+\overline{B}) = A + B$
	$A + AB = A$	$A(A+B) = A$
	$A + \overline{A}B = A + B$	$A(\overline{A}+B) = AB$
反演律	$\overline{A+B} = \overline{A}\,\overline{B}$	$\overline{AB} = \overline{A} + \overline{B}$

2. 逻辑函数的表示方法

描述逻辑关系的函数称为逻辑函数。逻辑函数是以逻辑变量作为输入，以运算结果作为输出的一种函数关系，其输入变量和输出结果的取值只有 0 和 1 两种状态。当输入变量的取值确定后，输出的取值也随之确定。常用的逻辑函数表示方法有真值表、逻辑表达式、逻辑图、波形图和卡诺图等。它们各有特点，可以进行相互转换。

（1）真值表

真值表是表示逻辑函数各个输入变量取值组合和函数值对应关系的表格。**真值表最大的特点是直观地表示输入和输出之间的逻辑关系。**

（2）逻辑表达式

逻辑表达式是用与、或、非等运算表示逻辑函数中各变量之间逻辑关系的代数式。**逻辑表达式的特点是直观简单，便于化简。**

【例 4.8】 已知逻辑函数式 $Y = A + \overline{B}C + \overline{A}C$，列写出与它对应的真值表。

解： 将输入变量 A、B、C 的各组取值代入函数式，算出函数 Y 的值，并对应填入表 4-9 中的真值表。

表 4-9　例 4.8 真值表

A	B	C	Y
0	0	0	1
0	0	1	1
0	1	0	1
0	1	1	0
1	0	0	1
1	0	1	1
1	1	0	1
1	1	1	1

（3）逻辑图

用规定的逻辑符号连接表示各变量之间的逻辑关系，就可以画出表示函数关系的逻辑图。

【例 4.9】 试画出逻辑函数 $Y = \overline{A}B + A\overline{B}$ 的逻辑图。

解： 将逻辑函数表达式中各变量之间的逻辑关系用与、或、非等逻辑符号表达出来，就可以画出逻辑图，如图 4-13 所示。

（4）波形图

将输入变量所有可能的取值与对应的输出按时间顺序依次排列起来画出的时间波形，称为函数的波形图，或时序图。

【例 4.10】 试分析图 4-14 所示波形图中 Y 与 A、B 之间的逻辑关系。

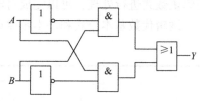

图 4-13　例 4.9 逻辑图

解： 由波形图可见，$t_1 \sim t_2$ 期间，$A = 0$，$B = 1$，$Y = 1$；$t_2 \sim t_3$ 期间，$A = 1$，$B = 1$，$Y = 1$；$t_3 \sim t_4$ 期间，$A = 1$，$B = 0$，$Y = 1$；$t_4 \sim t_5$ 期间，$A = 0$，$B = 0$，$Y = 0$。可见，只要 A、B 有一个是 1，$Y = 1$；只有 A、B 同时为 0，Y 才为 0。因此，$Y = A + B$。

3. 逻辑函数的化简

逻辑函数最终由逻辑电路来实现。同一个逻辑函数的表达式可以写成不同的表达式。对逻辑函数进行化简和变换，可以得到最简的逻辑函数式和所需要的形式，设计出最简洁的逻辑电路。这对于节省元器件，优化生产工艺，降低成本和提高系统的可靠性，提高产品在市场的竞争力是非常重要的。最简的逻辑函数式，即要求乘积项的数目

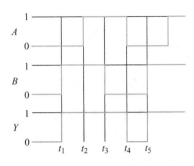

图4-14　例4.10波形图

是最少的，且在满足乘积项的数目最少的条件下，每个乘积项中所含变量的个数最少。化简的方法有公式法和卡诺图化简等几种，下面主要介绍公式法化简。

利用逻辑代数的基本定律和公式对逻辑函数表达式进行化简，常用以下几种方法。

1）并项法：利用公式 $A + \overline{A} = 1$，将两项合并一项，并消去一个变量。

例如：$Y = \overline{A}\,\overline{B}C + \overline{A}BC = \overline{A}C\,(\overline{B} + B)\; = \overline{A}C$

2）吸收法：利用公式 $A + AB = A$，消去多余项。

例如：$Y = A\,\overline{B} + A\,\overline{B}C\,\overline{D}\,(E + F)\; = A\,\overline{B}\,[\,1 + C\,\overline{D}\,(E + F)\,] = A\,\overline{B}$

3）消项法：利用公式 $A + \overline{A}B = A + B$，消去多余的变量因子。

例如：$Y = AB + \overline{A}C + \overline{B}C = AB + \;(\overline{A} + \overline{B})\; C = AB + \overline{AB}C = AB + C$

4）配项法：利用公式 $A = A\,(B + \overline{B})$ 进行配项，以便消去多余项。

例如：$Y = \overline{A} + AB + \overline{B}C = \overline{A} + \overline{A}B + AB + \overline{B}C = \overline{A} + B + \overline{B}C = \overline{A} + B + C$

【例4.11】 化简下列逻辑函数：

$$Y_1 = A\,\overline{B} + \overline{A}\,\overline{B} + ACD + \overline{A}CD$$

$$Y_2 = AB(C + D) + D + \overline{D}(A + B)(\overline{B} + \overline{C})$$

例4.11 逻辑式化简

解： $Y_1 = A\,\overline{B} + \overline{A}\,\overline{B} + ACD + \overline{A}CD = (A + \overline{A})\overline{B} + (A + \overline{A})CD = \overline{B} + CD$

$Y_2 = AB(C + D) + D + \overline{D}(A + B)(\overline{B} + \overline{C})$

$\quad = ABC + ABD + D + A\,\overline{B} + A\,\overline{C} + B\,\overline{C}$

$\quad = ABC + D + A\,\overline{B} + A\,\overline{C} + B\,\overline{C}$

$\quad = A(BC + \overline{B} + \overline{C}) + D + B\,\overline{C}$

$\quad = A + D + B\,\overline{C}$

4.2.2　组合逻辑电路的基本知识

1. 组合逻辑电路的概念

组合逻辑电路由各种门电路按一定的逻辑功能要求组合连接而成，它和时序逻辑电路共同构成数字电路。其特点是任一时刻的电路输出信号仅取决于该时刻的输入信号，而与信号

作用前电路原来所处的状态无关。组合逻辑电路框图如图 4-15 所示，图中，$X_1 \sim X_n$代表输入变量，$Y_1 \sim Y_m$代表输出变量。

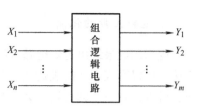

图 4-15　组合逻辑电路框图

2. 组合逻辑电路的分析方法

组合逻辑电路的分析是根据给定的组合逻辑电路，确定其输入与输出之间的逻辑关系，验证和说明此电路逻辑功能的过程。分析方法一般按以下步骤进行：

1）根据给定的逻辑电路图，写出输出端的逻辑函数表达式。

2）对所得到的表达式进行化简和变换，得到最简式。

3）根据最简式列出真值表。

4）分析真值表，确定电路的逻辑功能。

组合逻辑电路的分析框图如图 4-16 所示。

图 4-16　组合逻辑电路的分析框图

【例 4.12】　试分析图 4-17 所示电路的逻辑功能。

解：（1）根据已知电路，写出输出端的逻辑表达式，并进行化简。

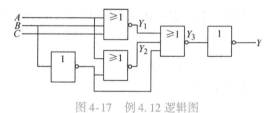

图 4-17　例 4.12 逻辑图

$$Y_1 = \overline{A + B + C}$$

$$Y_2 = \overline{A + \overline{B}}$$

$$Y_3 = \overline{Y_1 + Y_2 + \overline{B}}$$

$$Y = \overline{Y_3} = Y_1 + Y_2 + \overline{B} = \overline{A + B + C} + \overline{A + \overline{B}} + \overline{B}$$

最简与或表达式为

$$Y = \overline{A}\,\overline{B}\,\overline{C} + \overline{A}B + \overline{B} = \overline{A}B + \overline{B} = \overline{A} + \overline{B}$$

（2）列出真值表，真值表见表 4-10。

表 4-10　组合逻辑电路真值表

输入			输出
A	B	C	Y
0	0	0	1
0	0	1	1
0	1	0	1
0	1	1	1
1	0	0	1
1	0	1	1
1	1	0	0
1	1	1	0

（3）分析确定电路的逻辑功能。电路的输出 Y 只与输入 A、B 有关，而与输入 C 无关。Y 和 A、B 的逻辑关系为：A、B 中只要一个为 0，$Y=1$；A、B 全为 1 时，$Y=0$。所以，Y 和 A、B 的逻辑关系为与非运算的关系。

3. 组合逻辑电路设计方法

组合逻辑电路的设计与分析正好相反，根据给定的功能要求，采用某种设计方法，得到满足功能要求且最简单的组合逻辑电路。基本设计步骤如下：

1）分析设计要求，确定全部输入变量和输出变量，根据设计要求列真值表。

2）根据真值表，写出输出函数表达式。

3）对输出函数表达式进行化简，用公式法或卡诺图法都可以。

4）简化和变换逻辑表达式，画逻辑电路图。对逻辑函数进行化简，得到最简逻辑表达式，使设计出的电路合理。如对电路有特殊要求，需要对表达式进行变换。

组合逻辑电路的设计步骤如图 4-18 所示。

图 4-18 组合逻辑电路的设计步骤

【例 4.13】 用与非门设计一个举重裁判表决电路。设举重比赛有 3 个裁判，一个主裁判和两个副裁判。举重成功的裁决由每一个裁判按一下自己面前的按钮来确定。只有当两个或两个以上裁判判明成功，并且其中有一个为主裁判时，表明成功的灯才亮。

解：（1）分析命题，列真值表。设主裁判为变量 A，副裁判分别为 B 和 C，表示成功与否的灯为 Y，根据逻辑要求列出真值表，见表 4-11。

表 4-11 例 4.13 真值表

输入			输出
A	B	C	Y
0	0	0	0
0	0	1	0
0	1	0	0
0	1	1	0
1	0	0	0
1	0	1	1
1	1	0	1
1	1	1	1

（2）由真值表写出输出表达式。找出真值表中输出函数为 1 的各行，在其对应的变量组合中，变量取值为 0 的用反变量，变量取值为 1 的用原变量，用这些变量组成与项，构成基本的乘积项，然后将各个基本乘积项相加，就得到对应的逻辑函数表达式。

$$Y = A\,\overline{B}C + AB\,\overline{C} + ABC$$

（3）利用公式法化简逻辑函数，得到最简输出逻辑表达式为

$$Y = A\,\overline{B}C + AB\,\overline{C} + ABC$$
$$= A\,\overline{B}C + AB\,\overline{C} + ABC + ABC$$
$$= AB(C + \overline{C}) + AC(B + \overline{B})$$
$$= AB + AC$$

转换为与非门表示为

$$Y = \overline{\overline{AB}\ \overline{AC}}$$

（4）画逻辑图，举重裁判表决电路逻辑图如图4-19所示。

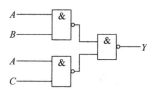

图4-19　举重裁判表决电路逻辑图

任务实施

1. 设备与器件

电工电子实验台、74LS00和74LS20。

2. 任务实施过程

（1）74LS00和74LS20集成与非门电路功能测试

74LS00是4-2输入与非门，内部有4个与非门，每个与非门有2个输入端，1个输出端。74LS20是2-4输入与非门，内部有2个与非门，每个与非门有4个输入端，1个输出端。74LS00和74LS20引脚及内部电路图如图4-20所示。

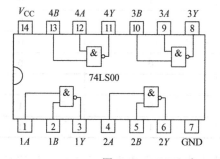
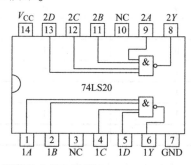

图4-20　74LS00和74LS20引脚及内部电路图

在实验台上，将74LS00和74LS20插入适当位置，用导线将V_{CC}和GND分别接到直流电源的5V和接地处，将输入端连接到电平开关，输出端接电平指示灯插孔。依次检测74LS00和74LS20每个与非门，将结果分别记录在表4-12和表4-13中。

表 4-12　74LS00 的检测记录

1A	1B	1Y	3A	3B	3Y
0	0		0	0	
0	1		0	1	
1	0		1	0	
1	1		1	1	
2A	2B	2Y	4A	4B	4Y
0	0		0	0	
0	1		0	1	
1	0		1	0	
1	1		1	1	

表 4-13　74LS20 的检测记录

1A	1B	1C	1D	1Y	2A	2B	2C	2D	2Y
0	0	0	0		0	0	0	0	
0	0	0	1		0	0	0	1	
0	0	1	0		0	0	1	0	
0	0	1	1		0	0	1	1	
0	1	0	0		0	1	0	0	
0	1	0	1		0	1	0	1	
0	1	1	0		0	1	1	0	
0	1	1	1		0	1	1	1	
1	0	0	0		1	0	0	0	
1	0	0	1		1	0	0	1	
1	0	1	0		1	0	1	0	
1	0	1	1		1	0	1	1	
1	1	0	0		1	1	0	0	
1	1	0	1		1	1	0	1	
1	1	1	0		1	1	1	0	
1	1	1	1		1	1	1	1	

（2）"我是大明星"比赛电子表决器电路设计

"我是大明星"比赛电子表决器电路设计要求：四个裁判中，当三人以上同意时，表示晋级，否则淘汰。用与非门实现电路。

步骤一，根据要求写出输入、输出量及高低电平的含义，并写出真值表。

步骤二，由真值表写出输出表达式。

步骤三，对表达式进行化简，并根据设计要求对最简表达式进行逻辑变换。

步骤四，画出逻辑电路图。

（3）"我是大明星"比赛电子表决器电路测试

根据设计的电路图，在实验台上组装电路，输入端 A、B、C、D 连接到 4 个电平开关，输出端 Y 连接电平指示灯。

组装完电路后，接通电源，拨动输入端 A、B、C、D 的电平开关进行不同组合，观察电平指示灯的亮灭，验证电路的逻辑功能，记录在表 4-14 中。如果输出结果与输入中的多数一致，则表明电路功能正确，即多数人同意，表决结果为同意；多数人不同意，表决结果为不同意。

表 4-14　验证电路功能记录表

A	B	C	D	Y	A	B	C	D	Y
0	0	0	0		1	0	0	0	
0	0	0	1		1	0	0	1	
0	0	1	0		1	0	1	0	
0	0	1	1		1	0	1	1	
0	1	0	0		1	1	0	0	
0	1	0	1		1	1	0	1	
0	1	1	0		1	1	1	0	
0	1	1	1		1	1	1	1	

3. 注意事项

1）74LS20 中的 4 输入与非门只能用到 3 个输入端，对于多余的输入端可采用以下方法中的一种处理：①悬空；②接高电平，即通过限流电阻与电源相连接；③与使用的输入端并联使用。

2）74 系列集成电路属于 TTL 门电路，其输入端悬空可视为输入高电平；CMOS 门电路的多余输入端禁止悬空，否则容易损害集成电路。

4. 任务考核

记录测试结果，写出实训报告，并思考下列问题：

1）74LS00 是_____输入与门，内部有_____个与非门；74LS20 是_____输入与非门，内部有_____个与非门。

2）与非门的运算规则是_____。

任务4.3　数码显示电路的设计

任务导入

数码显示电路在实际生活中随处可见，例如洗衣机程序显示、红绿灯的倒计时显示等。数码显示电路是电子系统中必不可少的组成单元，通过数码显示电路，可以直观地了解电路的参数特性等。

任务描述

在数字系统中信号以二进制数形式表示，并以各种编码的形式传递或保存。本任务将数字系统中的各种数码，通过数码显示电路直观地以十进制数形式显示出来。数码显示电路的实现有多种途径，基本思路是首先将要显示的数码或符号进行译码，然后将译码结果驱动七段数码管，显示结果。

知识链接

组合逻辑电路在数字系统中应用非常广泛，为了实际工程应用方便，常把某些具有特定逻辑功能的组合电路设计成标准化电路，并制造成中小规模集成电路产品，常见的有加法器、编码器、译码器、数据选择器、数据分配器、运算器等。

4.3.1 加法器

加法器

在数字系统如计算机中，运算器中的加法器是最重要也是最基本的运算单元。计算器中的加、减、乘、除等运算都是化作若干加法运算进行的。加法器包括半加器和全加器两种。

1. 半加器

半加器是实现两个一位二进制数相加求和，并向高位进位的逻辑电路。特点是不考虑来自低位的进位。有两个输入端：加数 A_i 和被加数 B_i；两个输出端：本位和 S_i 与向高位的进位 C_i。根据二进制加法运算规律列出真值表，见表4-15。

根据真值表可以看出，A_i 和 B_i 相同时，S_i 为 0，A_i 和 B_i 不同时，S_i 为 1，这是异或门的逻辑关系；只有当 A_i 和 B_i 都是 1 时，C_i 为 1，这是与逻辑关系。写出逻辑表达式为

$$S_i = \overline{A_i}B_i + A_i\overline{B_i} = A_i \oplus B_i$$
$$C_i = A_i B_i$$

由逻辑表达式画出逻辑图，由一个异或门和一个与门组成，如图4-21a所示。半加器逻辑符号如图4-21b所示。

表4-15 半加器的真值表

输入		输出	
A_i	B_i	S_i	C_i
0	0	0	0
0	1	1	0
1	0	1	0
1	1	0	1

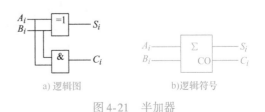

a) 逻辑图   b) 逻辑符号

图4-21 半加器

2. 全加器

全加器是实现两个一位二进制数相加，同时考虑低位向高位的进位的电路。有三个输入端：加数A_i、被加数B_i和低位进位C_{i-1}；两个输出端：本位和S_i与向高位的进位C_i。根据二进制加法运算规律列出真值表，见表4-16。

表4-16 全加器的真值表

输入			输出	
A_i	B_i	C_{i-1}	S_i	C_i
0	0	0	0	0
0	0	1	1	0
0	1	0	1	0
0	1	1	0	1
1	0	0	1	0
1	0	1	0	1
1	1	0	0	1
1	1	1	1	1

根据真值表写出逻辑表达式。先分析输出为1的条件，将输出为1的各行中的输入变量为1者取原变量，为0者取反变量，再将它们用与的关系写出。例如，$S_i=1$的条件有4个，写出与关系应为$\overline{A_i}\,\overline{B_i}C_{i-1}$、$\overline{A_i}B_i\overline{C_{i-1}}$、$A_i\overline{B_i}\,\overline{C_{i-1}}$、$A_iB_iC_{i-1}$，显然将输入变量的实际值带入，结果都为1，由于这四者中任何一个得到满足，S_i都为1，因此这四者是或的关系。由此可得S_i的表达式为

$$S_i=\overline{A_i}\,\overline{B_i}C_{i-1}+\overline{A_i}B_i\overline{C_{i-1}}+A_i\overline{B_i}\,\overline{C_{i-1}}+A_iB_iC_{i-1}$$

同理可得C_i的表达式为

$$C_i=\overline{A_i}B_iC_{i-1}+A_i\overline{B_i}C_{i-1}+A_iB_i\overline{C_{i-1}}+A_iB_iC_{i-1}$$

对逻辑函数式进行化简得

$$S_i=A_i\oplus B_i\oplus C_{i-1}$$
$$C_i=A_iB_i+(A_i\oplus B_i)C_{i-1}$$

由逻辑表达式画出逻辑图如图4-22a所示，逻辑符号如图4-22b所示。

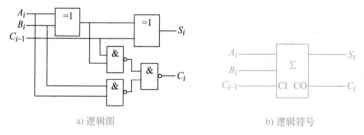

a) 逻辑图　　　　　　　　　　　　b) 逻辑符号

图4-22 全加器

单个半加器或全加器只能实现两个1位二进制数相加。要完成多位二进制数相加，需使

用多个全加器进行相连。4 位串行进位的加法器如图4-23 所示，每位相加必须等低一位的进位信号产生后运行，因此运算速度比较慢，适合对工作速度不高的场合。74HC283 为具有超前进位的 4 位全加器，其引脚图和逻辑符号如图4-24 所示。能够实现两个 4 位二进制数加法，每位有一个和输出，最后的进位 C_4 由第 4 位提供。

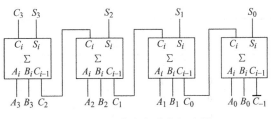

图 4-23　4 位串行进位加法器

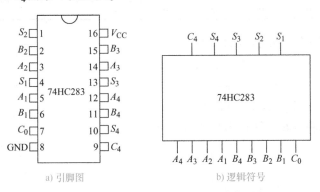

a) 引脚图　　　　　　　b) 逻辑符号

图 4-24　74HC283 的引脚图和逻辑符号

4.3.2　编码器

在数字系统中，有时需要将某一信息变换为特定的代码，这就需要编码器来完成，而各种信息常常都是以二进制代码的形式表示。用二进制代码表示文字、符号或者数码等特定对象的过程，称为编码。实现编码功能的逻辑电路，称为编码器。常用得编码器有二进制编码器、二 – 十进制编码器、优先编码器等。

1. 二进制编码器

用 n 位二进制代码对 $N = 2^n$ 个信号进行编码的电路叫二进制编码器。

【例 4.14】　用非门和与非门，设计一个编码器，将 0 ~ 7 这 8 个十进制数编成二进制代码。

解：（1）确定输入、输出变量。根据 $8 = 2^3$，编码器有 8 个输入端，分别用 $I_0 \sim I_7$ 表示，3 个输出端，分别用 Y_0、Y_1、Y_2 表示。假设输入端有编码请求时信号为 1，无编码请求时信号为 0，列出真值表，见表4-17。从表 4-17 中可以看出，当某一个输入端为高电平时，输出与该输入对应的数码。

表 4-17　例 4.14 真值表

输入								输出		
I_0	I_1	I_2	I_3	I_4	I_5	I_6	I_7	Y_2	Y_1	Y_0
1	0	0	0	0	0	0	0	0	0	0

（续）

输入								输出		
I_0	I_1	I_2	I_3	I_4	I_5	I_6	I_7	Y_2	Y_1	Y_0
0	1	0	0	0	0	0	0	0	0	1
0	0	1	0	0	0	0	0	0	1	0
0	0	0	1	0	0	0	0	0	1	1
0	0	0	0	1	0	0	0	1	0	0
0	0	0	0	0	1	0	0	1	0	1
0	0	0	0	0	0	1	0	1	1	0
0	0	0	0	0	0	0	1	1	1	1

（2）根据真值表写出逻辑表达式为

$$Y_2 = I_4 + I_5 + I_6 + I_7$$
$$Y_1 = I_2 + I_3 + I_6 + I_7$$
$$Y_0 = I_1 + I_3 + I_5 + I_7$$

（3）根据要求将逻辑式转换为与非形式为

$$Y_2 = \overline{\overline{I_4}\,\overline{I_5}\,\overline{I_6}\,\overline{I_7}}$$

$$Y_1 = \overline{\overline{I_2}\,\overline{I_3}\,\overline{I_6}\,\overline{I_7}}$$

$$Y_0 = \overline{\overline{I_1}\,\overline{I_3}\,\overline{I_5}\,\overline{I_7}}$$

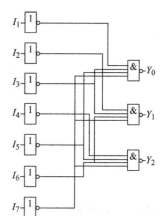

图 4-25　例 4.14 逻辑图

（4）根据逻辑表达式画出逻辑图，如图 4-25 所示，用 3 位输出实现对 8 位输入信号（低电平有效）的编码，当 $I_1 \sim I_7$ 均取值为 0 时，输出 $Y_2 Y_1 Y_0 = 000$，故 I_0 可以不画。

这种编码器在任何时刻只允许输入一个编码信号。例如，当 I_5 为 1，其余为 0 时，输出为 101。

2. 二–十进制编码器

二–十进制编码器是指用 4 位二进制代码表示一位十进制数（0~9）的编码电路，也称 10 线 –4 线编码器，它有 10 个信号输入端和 4 个输出端。4 位二进制代码共有 $2^4 = 16$ 种状态，任选其中 10 种状态可以表示 0~9 这 10 个数字。二–十进制编码方案很多，最常用的 8421BCD 码。

【例 4.15】　用非门和与非门，设计一个二–十进制编码器，将 0 ~ 9 十进制数编成 8421BCD 码输出。

解：（1）确定输入、输出变量。编码器有 10 个输入端，分别用 $I_0 \sim I_9$ 表示，4 个输出端，用 $Y_0 \sim Y_3$ 表示。假设输入端有编码请求时信号为 1，无编码请求时信号为 0，列出真值表，见表 4-18。

表 4-18　例 4.15 真值表

输入										输出			
I_0	I_1	I_2	I_3	I_4	I_5	I_6	I_7	I_8	I_9	Y_3	Y_2	Y_1	Y_0
1	0	0	0	0	0	0	0	0	0	0	0	0	0

（续）

输入										输出			
I_0	I_1	I_2	I_3	I_4	I_5	I_6	I_7	I_8	I_9	Y_3	Y_2	Y_1	Y_0
0	1	0	0	0	0	0	0	0	0	0	0	0	1
0	0	1	0	0	0	0	0	0	0	0	0	1	0
0	0	0	1	0	0	0	0	0	0	0	0	1	1
0	0	0	0	1	0	0	0	0	0	0	1	0	0
0	0	0	0	0	1	0	0	0	0	0	1	0	1
0	0	0	0	0	0	1	0	0	0	0	1	1	0
0	0	0	0	0	0	0	1	0	0	0	1	1	1
0	0	0	0	0	0	0	0	1	0	1	0	0	0
0	0	0	0	0	0	0	0	0	1	1	0	0	1

（2）由真值表列出逻辑表达式

$$Y_0 = I_1 + I_3 + I_5 + I_7 + I_9$$

$$Y_1 = I_2 + I_3 + I_6 + I_7$$

$$Y_2 = I_4 + I_5 + I_6 + I_7$$

$$Y_3 = I_8 + I_9$$

（3）根据题目要求，将表达式转换为与非形式

$$Y_0 = \overline{\overline{I_1}\ \overline{I_3}\ \overline{I_5}\ \overline{I_7}\ \overline{I_9}}$$

$$Y_1 = \overline{\overline{I_2}\ \overline{I_3}\ \overline{I_6}\ \overline{I_7}}$$

$$Y_2 = \overline{\overline{I_4}\ \overline{I_5}\ \overline{I_6}\ \overline{I_7}}$$

$$Y_3 = \overline{\overline{I_8}\ \overline{I_9}}$$

（4）依据表达式画出逻辑电路图，如图4-26所示。

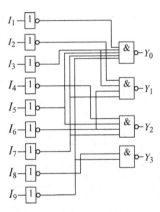

图4-26 例4.15逻辑图

当一个输入端信号为高电平时，4个输出端的取值组成对应的4位二进制代码，电路能对任一输入信号进行编码，但是该电路要求任何时刻只允许一个输入端有信号输入，其余输入端无信号，否则电路不能正常工作。输入变量之间有一定的约束关系。

3. 优先编码器

二进制编码器要求任何时刻只允许有一个输入信号有效，否则输出将发生混乱，当同时有多个输入信号有效时不能使用二进制编码器。

优先编码器可以避免这种情况发生。优先编码器事先对所有输入信号进行优先级别排序，允许两位以上的输入信号同时有效。但任何时刻只对优先级最高的输入信号编码，对优先级别低的输入信号则不响应，从而保证编码器可靠工作。优先编码器广泛应用于计算机的优先中断系统、键盘编码系统中。常用的集成优先编码器芯片有10线-4线、8线-3线两种。8线-3线优先编码器有74LS148，10线-4线优先编码器有74LS147、CC40147等。

74LS148 是 8 线–3 线优先编码器，将 8 条数据线（0～7）进行 3 线（4–2–1）二进制（八进制）优先编码，即对最高位数据线进行译码。利用输入选通端（$\overline{EI}$）和输出使能端（EO）可进行八进制扩展。74LS148 的引脚图和逻辑图如图 4-27 所示，74LS148 功能真值表见表 4-19。

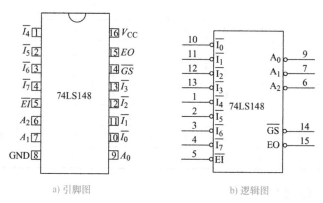

a) 引脚图　　　　　　　　　　b) 逻辑图

图 4-27　74LS148 的引脚图和逻辑图

表 4-19　74LS148 功能真值表

输入									输出				
$\overline{EI}$	$\overline{I_0}$	$\overline{I_1}$	$\overline{I_2}$	$\overline{I_3}$	$\overline{I_4}$	$\overline{I_5}$	$\overline{I_6}$	$\overline{I_7}$	A_2	A_1	A_0	$\overline{GS}$	EO
1	×	×	×	×	×	×	×	×	1	1	1	1	1
0	1	1	1	1	1	1	1	1	1	1	1	1	0
0	×	×	×	×	×	×	×	0	0	0	0	0	1
0	×	×	×	×	×	×	0	1	0	0	1	0	1
0	×	×	×	×	×	0	1	1	0	1	0	0	1
0	×	×	×	×	0	1	1	1	0	1	1	0	1
0	×	×	×	0	1	1	1	1	1	0	0	0	1
0	×	×	0	1	1	1	1	1	1	0	1	0	1
0	×	0	1	1	1	1	1	1	1	1	0	0	1
0	0	1	1	1	1	1	1	1	1	1	1	0	1

其中，$\overline{I_0} \sim \overline{I_7}$ 为 8 个输入信号端，$A_2 A_1 A_0$ 为 3 个输出端，$\overline{EI}$ 为输入选通端，EO 为输出使能端，$\overline{GS}$ 为片优选编码输出端。

当 $\overline{EI} = 1$ 时，不论 8 个输入端为何种状态，3 个输出端均为高电平，即 $A_2 A_1 A_0 = 111$，且 $\overline{GS}$ 和 EO 均为高电平，编码器处于非工作状态；当 $\overline{EI} = 0$ 时，编码器工作，若无信号输入，即 8 个输入端全为高电平，则输出端 $A_2 A_1 A_0 = 111$，且 $\overline{GS}$ 为高电平，EO 为低电平；当某一输入端有低电平输入，且比它优先级别高的输入端没有低电平输入时，输出端才输出与输入端对应的二进制代码的反码，$\overline{GS}$ 为低电平，EO 为高电平。例如，当 $\overline{I_5} = 0$，且 $\overline{I_7}$、$\overline{I_6}$ 为高电平时，不管其他输入端输入 0 或 1，输出只对 $\overline{I_5}$ 编码，输出为 010，为 5 对应的二进制代码的反码。

4.3.3 译码器

译码是编码的逆操作，就是把二进制代码转换成高低电平信号输出，实现译码的电路称为译码器。译码器也是一个多输入、多输出的组合逻辑电路。译码器同时也是数据分配器，即将单个数据由多路端口输出。常用的译码器有二进制译码器、二-十进制译码器和显示译码器。

1. 二进制译码器

如果译码器输入的二进制代码为 N 位，输出的信号个数为 2^N，这样的译码器被称为二进制译码器，也称为 N 线-2^N 线译码器。

2 线-4 线译码器逻辑图如图 4-28 所示，其中 A、B 为输入端，用来输入两位二进制代码；$\overline{EI}$ 为选通端，低电平有效；$\overline{Y_0} \sim \overline{Y_3}$ 为输出端，低电平有效。当 $\overline{EI}$ 为高电平时，G_5 门输出低电平，把 $G_1 \sim G_4$ 门封锁，无论 A、B 输入端是高电平或低

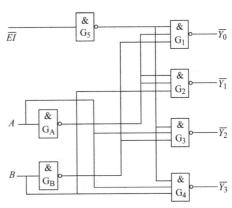

图 4-28 2 线-4 线译码器逻辑图

电平，输出端均为高电平。当 $\overline{EI}$ 为低电平时，G_5 门输出高电平，$G_1 \sim G_4$ 门释放，对于 A、B 输入端每一种二进制代码组合，对应一个输出端为低电平，其他输出端为高电平，完成译码工作。真值表见表 4-20，表中的"×"为任意输入状态，可以表示高电平，也可以表示低电平。

表 4-20 2 线-4 线译码器真值表

输入			输出			
$\overline{EI}$	A	B	$\overline{Y_3}$	$\overline{Y_2}$	$\overline{Y_1}$	$\overline{Y_0}$
1	×	×	1	1	1	1
0	0	0	1	1	1	0
0	0	1	1	1	0	1
0	1	0	1	0	1	1
0	1	1	0	1	1	1

【**例 4.16**】 设计一个 3 位二进制译码器。

解：（1）确定输入、输出变量。由题意知，输入变量是 3 位二进制代码，用 A_0、A_1、A_2 表示，有 $2^3 = 8$ 种状态，输出端与之对应，用 $Y_0 \sim Y_7$ 表示，又称为 3 线-8 线译码器。

（2）列真值表。真值表见表 4-21。

表 4-21 例 4.16 真值表

输入			输出							
A_2	A_1	A_0	Y_0	Y_1	Y_2	Y_3	Y_4	Y_5	Y_6	Y_7
0	0	0	1	0	0	0	0	0	0	0

（续）

输入			输出							
A_2	A_1	A_0	Y_0	Y_1	Y_2	Y_3	Y_4	Y_5	Y_6	Y_7
0	0	1	0	1	0	0	0	0	0	0
0	1	0	0	0	1	0	0	0	0	0
0	1	1	0	0	0	1	0	0	0	0
1	0	0	0	0	0	0	1	0	0	0
1	0	1	0	0	0	0	0	1	0	0
1	1	0	0	0	0	0	0	0	1	0
1	1	1	0	0	0	0	0	0	0	1

（3）根据真值表列出逻辑表达式为

$$Y_0 = \overline{A_2}\,\overline{A_1}\,\overline{A_0}$$

$$Y_1 = \overline{A_2}\,\overline{A_1}\,A_0$$

$$Y_2 = \overline{A_2}\,A_1\,\overline{A_0}$$

$$Y_3 = \overline{A_2}\,A_1\,A_0$$

$$Y_4 = A_2\,\overline{A_1}\,\overline{A_0}$$

$$Y_5 = A_2\,\overline{A_1}\,A_0$$

$$Y_6 = A_2\,A_1\,\overline{A_0}$$

$$Y_7 = A_2\,A_1\,A_0$$

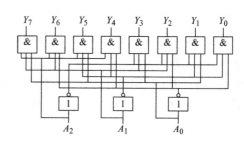

图 4-29 例 4.16 逻辑图

（4）根据逻辑表达式画出逻辑图，如图 4-29 所示。

集成二进制译码器 74LS138 引脚图和逻辑符号如图 4-30 所示。

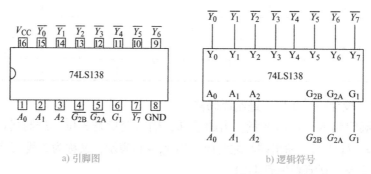

a) 引脚图　　　　　　　　　b) 逻辑符号

图 4-30 集成二进制译码器 74LS138 引脚图和逻辑符号

有 3 个代码输入端 $A_2A_1A_0$ 和 3 个控制输入端 G_1、$\overline{G_{2A}}$、$\overline{G_{2B}}$，也称片选端，8 个输出端为 $\overline{Y_0} \sim \overline{Y_7}$，有效输出电平为低电平。表 4-22 为 74LS138 的功能真值表，从表中可知，当片选控制端 $G_1 = 1$，$\overline{G_{2A}} + \overline{G_{2B}} = \overline{G_2} = 0$ 时，译码器工作，允许译码；否则，译码器停止工作，输出端全部为高电平。

表 4-22　74LS138 的功能真值表

输入					输出							
使能		选择										
G_1	$\overline{G_2}$	A_2	A_1	A_0	$\overline{Y_7}$	$\overline{Y_6}$	$\overline{Y_5}$	$\overline{Y_4}$	$\overline{Y_3}$	$\overline{Y_2}$	$\overline{Y_1}$	$\overline{Y_0}$
×	1	×	×	×	1	1	1	1	1	1	1	1
0	×	×	×	×	1	1	1	1	1	1	1	1
1	0	0	0	0	1	1	1	1	1	1	1	0
1	0	0	0	1	1	1	1	1	1	1	0	1
1	0	0	1	0	1	1	1	1	1	0	1	1
1	0	0	1	1	1	1	1	1	0	1	1	1
1	0	1	0	0	1	1	1	0	1	1	1	1
1	0	1	0	1	1	1	0	1	1	1	1	1
1	0	1	1	0	1	0	1	1	1	1	1	1
1	0	1	1	1	0	1	1	1	1	1	1	1

2. 二-十进制译码器

把二-十进制代码翻译成 10 个十进制数字信号的电路，称为二-十进制译码器。二-十进制译码器的输入是十进制数的 4 位二进制编码（BCD 码），分别用 A_3、A_2、A_1、A_0 表示；输出的是与 10 个十进制数字相对应的 10 个信号，用 $Y_9 \sim Y_0$ 表示。由于二-十进制译码器有 4 根输入线、10 根输出线，所以又称为 4 线-10 线译码器。

74LS42 是二-十进制译码器，也称 BCD 译码器，它的功能是将输入的一位 BCD 码（4 位二元符号）译成 10 个高、低电平输出信号。其引脚图和逻辑符号如图 4-31 所示，真值表见表 4-23。

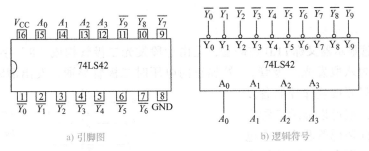

a) 引脚图　　　　　　　　　　b) 逻辑符号

图 4-31　74LS42 引脚图和逻辑符号

表 4-23　74LS42 的真值表

输入				输出									
A_3	A_2	A_1	A_0	$\overline{Y_0}$	$\overline{Y_1}$	$\overline{Y_2}$	$\overline{Y_3}$	$\overline{Y_4}$	$\overline{Y_5}$	$\overline{Y_6}$	$\overline{Y_7}$	$\overline{Y_8}$	$\overline{Y_9}$
0	0	0	0	0	1	1	1	1	1	1	1	1	1
0	0	0	1	1	0	1	1	1	1	1	1	1	1
0	0	1	0	1	1	0	1	1	1	1	1	1	1

（续）

输入				输出									
A_3	A_2	A_1	A_0	$\overline{Y_0}$	$\overline{Y_1}$	$\overline{Y_2}$	$\overline{Y_3}$	$\overline{Y_4}$	$\overline{Y_5}$	$\overline{Y_6}$	$\overline{Y_7}$	$\overline{Y_8}$	$\overline{Y_9}$
0	0	1	1	1	1	1	0	1	1	1	1	1	1
0	1	0	0	1	1	1	1	0	1	1	1	1	1
0	1	0	1	1	1	1	1	1	0	1	1	1	1
0	1	1	0	1	1	1	1	1	1	0	1	1	1
0	1	1	1	1	1	1	1	1	1	1	0	1	1
1	0	0	0	1	1	1	1	1	1	1	1	0	1
1	0	0	1	1	1	1	1	1	1	1	1	1	0
1	0	1	0	1	1	1	1	1	1	1	1	1	1
1	0	1	1	1	1	1	1	1	1	1	1	1	1
1	1	0	0	1	1	1	1	1	1	1	1	1	1
1	1	0	1	1	1	1	1	1	1	1	1	1	1
1	1	1	0	1	1	1	1	1	1	1	1	1	1
1	1	1	1	1	1	1	1	1	1	1	1	1	1

该译码器具有 4 个输入端、10 个输出端，因为 $N < 2^N$，所以又称为部分译码器。由表 4-23 可知，当输入端出现 1010 ~ 1111 这 6 组无效数码时，输出端全为高电平。若将最高位 A_3 看作使能端，该电路可当 3 线 − 8 线译码器使用。

显示译码器

3. 显示译码器

在数字系统中，常常需要将译码输出显示成十进制数字或其他符号。因此，希望译码器能直接驱动数字显示器，或者能与显示器配合使用，这种类型的译码器称为显示译码器。

用来驱动各种显示器件，从而将用二进制代码表示的数字、文字、符号翻译成人们习惯的形式直观地显示出来的电路，称为显示译码器。

发光二极管显示器又称 LED 数码管，是由七段发光二极管构成 "8" 字形（若要显示小数点，则应为八段发光二极管）。外加正向电压时二极管导通，发出清晰的光，有红、黄、绿等色。只要按规律控制各发光段的亮、灭，就可以显示各种字形或符号。LED 数码管具有工作电压低、体积小、寿命长、可靠性高等优点。按照高低电平的驱动方式，LED 数码管分为共阴极和共阳极两种，如图 4-32 所示。

共阴极数码管，将二极管的阴极连接为公共端，阳极为控制端。要使二极管发光，公共端接地，$a \sim h$ 段应接高电平。共阳极数码管的

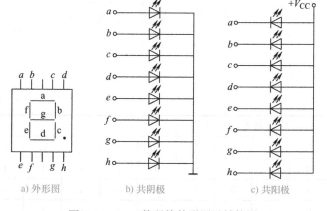

图 4-32　LED 数码管外形图及结构图

公共端为二极管的阳极，要使二极管发光，公共端接电源正极，$a \sim h$ 段应接低电平。

数码管通常采用集成译码器进行驱动，集成译码器的型号有很多，常用的型号见表4-24。

表4-24 常用的集成显示译码器

型号	功能说明	备注
74LS46	BCD—七段译码驱动器	输出低电平有效
74LS47	BCD—七段译码驱动器	输出低电平有效
74LS48	BCD—七段译码/内部上拉输出驱动器	输出高电平有效
74LS247	BCD—七段15V输出译码驱动器	输出低电平有效
74LS248	BCD—七段译码升压输出驱动器	输出高电平有效
74LS249	BCD—七段译码开路输出驱动器	输出高电平有效
CC4511	BCD—锁存七段译驱动器	输出高电平有效
CC4513	BCD—锁存七段译驱动器（消隐）	输出高电平有效

74LS48引脚图如图4-33所示。$A_3 \sim A_0$ 为4线输入，$a \sim g$ 为译码器的输出。表4-25为74LS48的功能真值表。

由真值表可以看出，当 $A_3 A_2 A_1 A_0 = 0000 \sim 1001$ 时，输出控制 LED 数码管显示 $0 \sim 9$。例如，当 $A_3 A_2 A_1 A_0 = 0011$ 时，$a \sim g = 1111001$，输出显示十进制的"3"。当 $A_3 A_2 A_1 A_0 = 1010 \sim 1111$ 时，输出为稳定的非数字信号。

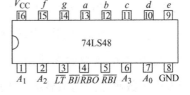

图4-33 74LS48驱动共阴极数码管的引脚图

表4-25 74LS48的功能真值表

输入						$\overline{BI}/RBO$	输出							字形
$\overline{LT}$	$\overline{RBI}$	A_3	A_2	A_1	A_0		a	b	c	d	e	f	g	
1	1	0	0	0	0	1	1	1	1	1	1	1	0	0
1	×	0	0	0	1	1	0	1	1	0	0	0	0	1
1	×	0	0	1	0	1	1	1	0	1	1	0	1	2
1	×	0	0	1	1	1	1	1	1	1	0	0	1	3
1	×	0	1	0	0	1	0	1	1	0	0	1	1	4
1	×	0	1	0	1	1	1	0	1	1	0	1	1	5
1	×	0	1	1	0	1	0	0	1	1	1	1	1	6
1	×	0	1	1	1	1	1	1	1	0	0	0	0	7
1	×	1	0	0	0	1	1	1	1	1	1	1	1	8
1	×	1	0	0	1	1	1	1	1	0	0	1	1	9
1	×	1	0	1	0	1	0	0	0	1	1	0	1	ꭸ
1	×	1	0	1	1	1	0	0	1	1	0	0	1	ꭳ
1	×	1	1	0	0	1	0	1	0	0	0	1	1	ꭴ
1	×	1	1	0	1	1	1	0	0	1	0	1	1	ꭵ

（续）

输入						$\overline{BI/RBO}$	输出							字形
$\overline{LT}$	$\overline{RBI}$	A_3	A_2	A_1	A_0		a	b	c	d	e	f	g	
1	×	1	1	1	0	1	0	0	0	1	1	1	1	ᒥ
1	×	1	1	1	1	1	0	0	0	0	0	0	0	
×	×	×	×	×	×	0	0	0	0	0	0	0	0	消隐
1	0	0	0	0	0	0	0	0	0	0	0	0	0	灭0
0	×	×	×	×	×	1	1	1	1	1	1	1	1	测试

为了增强器件的功能，在74LS48中还设置了一些辅助端。这些辅助端的功能如下：

1）试灯输入端$\overline{LT}$：低电平有效。当$\overline{LT}=0$时，数码管的七段应全亮，与输入的译码信号无关。本输入端用于测试数码管的好坏。

2）动态灭零输入端$\overline{RBI}$：低电平有效。当$\overline{LT}=1$、$\overline{RBI}=0$且译码输入全为0时，该位输出不显示，即0字被熄灭；当译码输入不全为0时，该位正常显示。本输入端用于消隐无效的0，如数据0034.50可显示为34.5。

3）灭灯输入/动态灭零输出端$\overline{BI}/\overline{RBO}$：这是一个特殊的端钮，有时用作输入，有时用作输出。当$\overline{BI}/\overline{RBO}$作为输入使用，且$\overline{BI}/\overline{RBO}=0$时，数码管七段全灭，与译码输入无关，该功能多用于数码器的动态显示。当$\overline{BI}/\overline{RBO}$作为输出使用时，受控于$\overline{LT}$和$\overline{RBI}$：当$\overline{LT}=1$且$\overline{RBI}=0$时，$\overline{BI}/\overline{RBO}=0$；其他情况下，$\overline{BI}/\overline{RBO}=1$。该功能主要用于显示多位数字时，多个译码器之间的连接。

4.3.4 数据选择器

数据选择器又叫多路转换器，能根据输入的地址信号，从多路数据输入中选择与地址信号所对应的一路传送到输出，其功能类似图4-34所示的单刀多掷开关，通过开关的转换，把输入信号D_3、D_2、D_1、D_0中的一个信号传送到输出端。

集成数据选择器的种类很多，常用的数据选择器有2选1（74LS157）、4选1（74LS153）、8选1（74LS151）、16选1（74LS150）等类型。

图4-35所示是8选1数据选择器74LS151的引脚图。它有8个数据输入端$D_7 \sim D_0$，3个地址输入端A_2、A_1、A_0，2个互补输出端Y和$\overline{Y}$，使能端$\overline{S}$为低电平有效。74LS151真值表见表4-26。

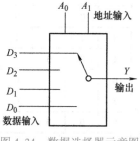

图4-34 数据选择器示意图

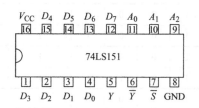

图4-35 74LS151引脚图

表 4-26 74LS151 真值表

输入				输出
$\bar{S}$	A_2	A_1	A_0	Y
1	×	×	×	0
0	0	0	0	D_0
0	0	0	1	D_1
0	0	1	0	D_2
0	0	1	1	D_3
0	1	0	0	D_4
0	1	0	1	D_5
0	1	1	0	D_6
0	1	1	1	D_7

由真值表可知，输入地址码变量的每个取值组合对应一路输入数据。当 $\bar{S}=1$ 时，输出 $Y=0$，数据选择器不工作。当 $\bar{S}=0$ 时，数据选择器工作，其输出为

$$Y = \overline{A_2}\,\overline{A_1}\,\overline{A_0}D_0 + \overline{A_2}\,\overline{A_1}A_0D_1 + \overline{A_2}A_1\overline{A_0}D_2 + \overline{A_2}A_1A_0D_3 + A_2\overline{A_1}\,\overline{A_0}D_4 +$$
$$A_2\overline{A_1}A_0D_5 + A_2A_1\overline{A_0}D_6 + A_2A_1A_0D_7$$

由数据选择器输出端的逻辑表达式可见，当数据选择器的输入数据全部为 1 时，输出为地址输入变量全体最小项的和。因此，它是一个逻辑函数的最小项输出器。任意逻辑函数都可以写成最小项表达式，所以，用数据选择器也可以实现逻辑函数。当逻辑函数变量的个数与数据选择器的地址输入变量个数相同时，可直接用数据选择器实现逻辑函数。

任务实施

1. 设备与器件

数字电子技术实验台、74LS48、共阴极数码管、1kΩ 电阻。

2. 任务实施过程

（1）熟悉器件及数码管的检测

查询集成电路手册，初步了解 74LS48 和数码管的功能，观察 74LS48 和数码管的外形，熟悉数码管的引脚排列。

利用数字万用表的二极管检测档检测数码管。将万用表置于二极管检测档，对于共阴极数码管，黑表笔接数码管的公共端（COM 端，通常是第 3、8 引脚），红表笔分别接触其他引脚，观察各个笔画段是否发光，可判别各引脚所对应的笔画段有无损坏。对于共阳极数码管，只需把万用表的红、黑表笔对调即可，测试方法相同。

（2）连接数码显示电路

按图 4-36 所示连接电路，检查电路连接，确认无误后再接通电源。

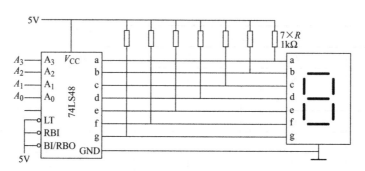

图 4-36　数码显示电路图

（3）电路功能显示及测试

接通电源后，输入端 $A_0 \sim A_3$ 在不同时刻接高低电平，观察数码管显示情况。

1）译码功能测试。将 74LS48 的 $\overline{LT}$、$\overline{RBI}$ 和 $\overline{BI}/\overline{RBO}$ 端接高电平，输入端接电平开关，输入十进制 0~9 的 8421BCD 码，则输出端 $a \sim g$ 会得到一组相应的 7 位二进制代码，数码管显示相应的十进制数，并将输入端电平和输出端电平填到表 4-27 中。

表 4-27　译码功能测试结果

显示字符	输入 8421BCD 码				输出字形码						
	A_3	A_2	A_1	A_0	a	b	c	d	e	f	g
0											
1											
2											
3											
4											
5											
6											
7											
8											
9											

2）试灯功能测试。将 $\overline{LT}$ 接低电平，$\overline{BI}/\overline{RBO}$ 接高电平，则输出端 $a \sim g$ 均为_____，数码管_____。

3）灭灯功能测试。$\overline{BI}/\overline{RBO}$ 接低电平，不管其他输入电平的状态，则输出端 $a \sim g$ 均为_____，数码管_____。

4）动态灭灯功能测试。$\overline{RBI}$ 接低电平，$\overline{LT}$ 接高电平，输入端 $A_3A_2A_1A_0 = 0000$ 时，则输出端 $a \sim g$ 均为_____，数码管_____；输入端 $A_3A_2A_1A_0$ 为其他值时，数码管_____。

3. 注意事项

1）连接电路时，注意集成电路和数码管的引脚顺序，不要接错。

2）连接好电路，确定无误方可通电测试，不能带电插拔集成电路元器件。

3）查阅元器件手册，选用合适的中规模集成电路芯片，并正确使用。

4. 任务考核

1）共阴极数码管，将二极管的_____极连接为公共端，使用时公共端接_____，要使数码管显示数字"6"，则数码管的 $a \sim g$ 段应接_____。

2）共阳极数码管，公共端为二极管的_____极，公共端接电源_____极，要使数码管显示数字"6"，则数码管的 $a \sim g$ 段应接_____。

3）数码管通常采用译码器进行驱动，常用的译码驱动器74LS47是_____译码驱动器，74LS48是_____译码驱动器。

4）74LS48是一种_____数码管译码器/驱动器，共有_____个引脚，其中_____为4线输入，_____为译码器的输出。

项目制作　　简易电梯呼叫系统的设计与制作

1. 设备与器件

主要包括直流电源、万用表等。简易电梯呼叫系统所需元器件（材）见表4-28。

表4-28　简易电梯呼叫系统元器件明细

序号	名称	元器件标号	规格型号	序号	名称	元器件标号	规格型号
1	按钮	$SB_1 \sim SB_9$	四脚按钮	4	编码器	U_1	74LS147
2	数码管	DS_1	SM420501K 共阴极	5	译码器	U_2	74LS48
3	电阻	$R_1 \sim R_{16}$	1kΩ，1/4W	6	非门	U_3	74LS04

2. 电路分析

简易电梯呼叫系统由4部分组成，即呼叫按钮、编码器、译码器和数码管显示。简易电梯呼叫系统电路图如图4-2所示。按钮系统选用9个开关，当开关闭合时，为低电平；断开时；为高电平。多个楼层同时呼叫时，只响应最高层，需要选用集成10线－4线优先编码器74LS147。优先编码器的输出经非门反相后送给七段显示译码器74LS48，译码器输出直接驱动数码管显示楼层数。

电梯楼层电平输入信息、编码和译码的对应转换真值表见表4-29。

表4-29　电梯楼层电平输入信息、编码和译码的对应转换真值表

楼层输入									编码输出				译码输入				显示字符
T_1	T_2	T_3	T_4	T_5	T_6	T_7	T_8	T_9	Y_3	Y_2	Y_1	Y_0	A_3	A_2	A_1	A_0	
1	1	1	1	1	1	1	1	1	1	1	1	1	0	0	0	0	0
0	1	1	1	1	1	1	1	1	1	1	1	0	0	0	0	1	1

（续）

楼层输入									编码输出				译码输入				显示字符
T_1	T_2	T_3	T_4	T_5	T_6	T_7	T_8	T_9	Y_3	Y_2	Y_1	Y_0	A_3	A_2	A_1	A_0	
×	0	1	1	1	1	1	1	1	1	1	0	1	0	0	1	0	2
×	×	0	1	1	1	1	1	1	1	1	0	0	0	0	1	1	3
×	×	×	0	1	1	1	1	1	1	0	1	1	0	1	0	0	4
×	×	×	×	0	1	1	1	1	1	0	1	0	0	1	0	1	5
×	×	×	×	×	0	1	1	1	1	0	0	1	0	1	1	0	6
×	×	×	×	×	×	0	1	1	1	0	0	0	0	1	1	1	7
×	×	×	×	×	×	×	0	1	0	1	1	1	1	0	0	0	8
×	×	×	×	×	×	×	×	0	0	0	1	1	0	1	0	0	1	9

3. 任务实施过程

（1）元器件的识别与检测

在简单了解本项目相关知识点的前提下，查集成电路手册，熟悉 74LS147、74LS48、74LS04 和数码管的功能，确定其引脚排列，了解各引脚的功能。

1）数码管识别和检测。利用数字式万用表的二极管检测档检测数码管的极性及各个笔画段是否发光，如图 4-37 所示。首先将万用表旋到二极管检测档，黑表笔接公共端，红表笔依次接各个段位端，查看相应段是否亮。若检测共阳极数码管，将红、黑表笔对调即可。

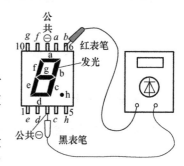

图 4-37　万用表检测数码管示意图

2）74LS147 优先编码功能检测。将一块 74LS147 接通电源和地，在 9 个输入端加上输入信号，输出端接电平指示灯，将测试结果填入表 4-30 中。

表 4-30　74LS147 优先编码功能检测

输入										输出			
$\overline{I_9}$	$\overline{I_8}$	$\overline{I_7}$	$\overline{I_6}$	$\overline{I_5}$	$\overline{I_4}$	$\overline{I_3}$	$\overline{I_2}$	$\overline{I_1}$	$\overline{I_0}$	$\overline{Y_3}$	$\overline{Y_2}$	$\overline{Y_1}$	$\overline{Y_0}$
1	1	1	1	1	1	1	1	1	1				
0	×	×	×	×	×	×	×	×	×				
1	0	×	×	×	×	×	×	×	×				
1	1	0	×	×	×	×	×	×	×				
1	1	1	0	×	×	×	×	×	×				
1	1	1	1	0	×	×	×	×	×				
1	1	1	1	1	0	×	×	×	×				
1	1	1	1	1	1	0	×	×	×				
1	1	1	1	1	1	1	0	×	×				
1	1	1	1	1	1	1	1	0	×				

如果检测准确，可以看出，编码器按信号级别高低进行编码，且$\overline{I_9}$状态信号的级别是最高的，$\overline{I_0}$状态信号的级别是最低的。

（2）简易电梯呼叫系统电路的装配

1）根据原理图设计好元器件的布局。

2）在印制电路板上安装元器件。注意，元器件成形时，尺寸必须符合电路通用板插孔间距要求。按要求进行装接，不要装错，元器件排列整齐并符合工艺要求，尤其应注意集成电路和数码管引脚不要装错。

3）装配完成后进行自检。装配完成后，应重点检查装配的准确性，焊点应无虚焊、假焊、漏焊、搭焊等。

（3）简易电梯呼叫系统电路的调试与检测

1）目视检验。装配完成后进行不通电自检。应对照电路原理图或接线图，逐个元器件、逐条导线地认真检查电路的连线是否正确，元器件的极性是否接反，焊点应无虚焊、假焊、漏焊、搭焊等，布线是否符合要求等。

2）通电检测。9个楼层按钮在不同时刻接低电平，如果电路正常工作，则数码管将分别显示楼层号码。如果没有显示或显示的号码不正确，则说明电路有故障，应予以排除。

项 目 小 结

1. 数字信号是不连续的脉冲信号，处理数字信号的电路称为数字电路。在数字电路中进行数字运算和处理采用的是二进制数、八进制数和十六进制数。

2. 逻辑电路中实现基本和常用逻辑运算的电子电路称为逻辑门电路，简称门电路。基本门电路有与门、或门和非门。复合逻辑门电路有与非门、或非门、与或非门、异或门和同或门。

3. 描述逻辑关系的函数称为逻辑函数。常用的逻辑函数表示方法有真值表、逻辑表达式、逻辑图、波形图和卡诺图等。逻辑函数可以采用公式法进行化简，得到最简的逻辑函数式。

4. 在逻辑电路中，任意时刻的输出状态只取决于该时刻的输入状态，而与输入信号作用之前的电路状态无关，这种电路称为组合逻辑电路。组合逻辑电路分析是根据给定的逻辑电路，找出电路输出与输入之间的逻辑关系，确定电路的逻辑功能；组合逻辑电路的设计是对于提出的实际逻辑要求，设计出能实现该功能的最简单的组合逻辑电路。

5. 常见的组合逻辑电路有加法器、编码器、译码器、数据选择器、数据分配器、运算器等。

思考与练习

4.1　填空题

1. 数字信号在＿＿＿＿和＿＿＿＿上都是离散的，一个数字信号只有＿＿＿＿种取值，分别表示为＿＿＿＿和＿＿＿＿。

2. 二进制数只有_____和_____两个数码, 其计数的基数是_____, 加法运算进位关系为_____。

3. 数值转换

$(38)_{10} = ($ ____ $)_2$ $(1101)_2 = ($ ____ $)_{10}$

$(3B)_{16} = ($ ____ $)_{10}$ $(1011101)_2 = ($ ____ $)_{16}$

$(63)_8 = ($ ____ $)_{10}$ $(53)_{10} = ($ ____ $)_{8421BCD}$

4. 基本逻辑关系有三种, 它们是_____、_____、_____。

5. 常用的复合逻辑运算有_____、_____、_____、_____、_____。

6. 只有当决定一件事的几个条件全部不具备时, 这件事才不会发生, 这种逻辑关系为

_____。

7. 与运算的法则为_____; 或运算的法则为_____。

8. 逻辑函数常用的化简方法有_____和_____。

9. 组合逻辑电路的特点是输出状态只取决于_____, 与电路原有状态_____, 其基本单元电路是_____。

10. 编码器按功能的不同分为三种: _____、_____、_____。

11. 译码器按功能的不同分为三种: _____、_____、_____。

12. 输入 3 位二进制代码的二进制译码器应有_____个输入端, 共输出_____个最小项。

13. 全加器有 3 个输入端, 它们分别为_____, _____和_____; 输出端有 2 个, 分别为_____、_____。

4.2 选择题

1. 模拟电路中的工作信号为 ( )。

A. 随时间连续变化的电信号   B. 随时间不连续变化的电信号

C. 持续时间短暂的脉冲信号

2. 数字电路中的工作信号为 ( )。

A. 随时间连续变化的电信号   B. 脉冲信号   C. 直流信号

3. 与十进制数 138 相对应的二进制数是 ( )。

A. 10001000   B. 10001010   C. 10000010

4. 与二进制数 10000111 相对应的十进制数是 ( )。

A. 87   B. 135   C. 73

5. $(1000100101110101)_{8421BCD}$ 对应的十进制数为 ( )。

A. 8561   B. 8975   C. 7AD3   D. 7971

6. 如图 4-38 所示逻辑符号的逻辑式为 ( )。

A. $Y = A + B$ B. $Y = AB$ C. $Y = A \oplus B$ D. $Y = A \odot B$

7. 逻辑门电路的逻辑符号如图 4-39 所示, 能实现 $Y = AB$ 逻辑功能的是 ( )。

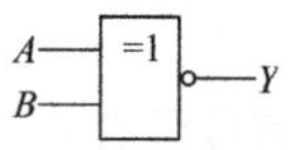

图 4-38 选择题 6 图 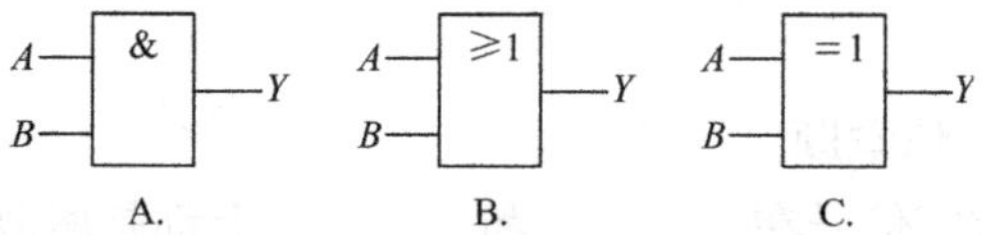   图 4-39 选择题 7 图

8. 逻辑符号如图 4-40 所示，表示与门的是（　　　）。

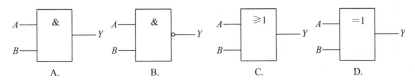

图 4-40　选择题 8 图

9. 如图 4-41 所示逻辑符号的逻辑式为（　　　）。

A. $Y = A$　　　　　　B. $Y = \overline{\overline{A}}$　　　　　　C. $Y = \overline{A}$

10. 如图 4-42 所示逻辑符号的逻辑式为（　　　）。

A. $Y = AB$　　　B. $Y = \overline{AB}$　　　C. $Y = A + B$　　　D. $Y = \overline{A + B}$

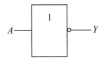　　　　　　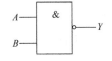

图 4-41　选择题 9 图　　　　　　图 4-42　选择题 10 图

11. 下列逻辑式中，正确的逻辑式是（　　　）。

A. $\overline{A + B} = \overline{A}\,\overline{B}$　　　B. $\overline{A + B} = \overline{A}\;\overline{B}$　　　C. $\overline{A + B} = \overline{A} + \overline{B}$

12. 逻辑式 $Y = A + B$ 可变换为（　　　）。

A. $Y = \overline{\overline{A}\;\overline{B}}$　　　　　　B. $Y = \overline{A}\;\overline{B}$　　　　　　C. $Y = \overline{AB}$

13. 逻辑式 $Y = A\overline{B} + B\overline{D} + A\overline{B}C + AB\overline{C}D$，化简后为（　　　）。

A. $Y = \overline{A}B + \overline{B}C$　　　B. $Y = A\overline{B} + C\overline{D}$　　　C. $Y = A\overline{B} + B\overline{D}$

14. 如图 4-43 所示逻辑电路的逻辑式为（　　　）。

A. $F = \overline{AB + C}$　　　B. $F = \overline{(A + B)\,C}$　　　C. $F = AB + C$

图 4-43　选择题 14 图

15. 半加器逻辑符号如图 4-44 所示，当 $A = 1$、$B = 1$ 时，C 和 S 分别为（　　　）。

A. $C = 0$，$S = 0$　　　B. $C = 0$，$S = 1$　　　C. $C = 1$，$S = 0$

16. 全加器逻辑符号如图 4-45 所示，当 $A_i = 0$、$B_i = 1$、$C_{i-1} = 0$ 时，C_i 和 S_i 分别为（　　　）。

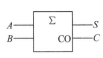　　　　　　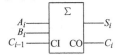

图 4-44　选择题 15 图　　　　　　图 4-45　选择题 16 图

A. $C_i = 0$，$S_i = 1$　　　B. $C_i = 0$，$S_i = 0$　　　C. $C_i = 1$，$S_i = 1$

17. 二-十制编码器的输入信号应有（　　　）。

A. 2 个　　　B. 4 个　　　C. 8 个　　　D. 10 个

18. 输入为 n 位二进制代码的译码器输出端个数为（　　　）。

A. n^2　　　B. $2n$　　　C. 2^n　　　D. n

19. 编码器的逻辑功能是（   ）。

A. 把某种二进制代码转换成某种输出状态

B. 将某种状态转换成相应的二进制代码

C. 把二进制数转换成十进制数

20. 译码器的逻辑功能是（   ）。

A. 把某种二进制代码转换成某种输出状态

B. 把某种状态转换成相应的二进制代码

C. 把十进制数转换成二进制数

4.3   化简下列逻辑表达式：

（1）$F = AB + \bar{A}C + BC$

（2）$F = AB\bar{C} + A\bar{B}C + \bar{A}BC + B(\bar{A} + B + C)$

（3）$F = \bar{A}B + AC + \bar{B}C$

4.4   已知逻辑门及其输入波形如图 4-46 所示，试分别画出输出 F_1、F_2、F_3 的波形，并写出逻辑表达式。

4.5   已知逻辑图和输入的波形如图 4-47 所示，试画出输出 F 的波形。

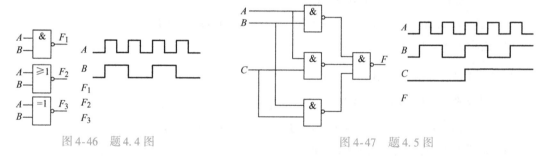

图 4-46   题 4.4 图   图 4-47   题 4.5 图

4.6   分析如图 4-48 所示逻辑电路图的功能。

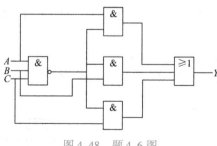

图 4-48   题 4.6 图

4.7   用与非门设计一个 4 路输入的判奇电路，当 4 个输入中有奇数个 1 时，输出为 1；有偶数个 1 时，输出为 0。

4.8   设计一个故障显示电路。要求：两台电动机 A 和 B 正常工作时，绿灯 F_1 亮；A 或 B 发生故障时，黄灯 F_2 亮；A 和 B 都发生故障时，红灯 F_3 亮。

数字时钟电路的设计与制作

项目剖析

数字时钟是一种用数字电路技术实现时、分、秒计时显示的装置。本项目设计数字时钟电路,能够实现时、分、秒的显示,具有清零、停止等功能。数字时钟电路框图如图5-1所示,由时钟源、计数器、译码显示电路和功能控制电路组成。利用555多谐振荡器实现时钟源,通过参数设置实现1Hz的时钟脉冲信号;利用6片同步十进制集成计数器74LS160实现六十进制和二十四进制计数器完成秒、分、时计数;译码显示电路采用6个专用译码器74LS48驱动共阴极数码管实现计数结果显示;功能控制电路采用双掷开关及与门电路实现。

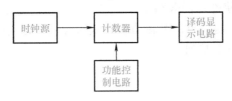

图 5-1 数字时钟电路框图

项目目标

本项目通过数字时钟电路的设计与制作,达到以下目标:

知识目标

1. 掌握常见触发器的电路组成、逻辑功能和工作原理。
2. 理解时序逻辑电路的特点与分类。
3. 了解寄存器和计数器的电路功能、工作原理、常见类型及使用方法。
4. 掌握555电路的结构、工作原理及其应用。

技能目标

1. 能熟练进行元器件的选择、检测。
2. 能正确使用常用仪器仪表及工具书。
3. 能熟练进行电路的焊接与组装。
4. 能进行数字时钟电路的故障分析。
5. 学会数字集成电路资料查阅、识别与选取方法。

任务 5.1　　竞赛抢答器的设计

任务导入

时序逻辑电路主要由存储电路和组合逻辑电路组成，与组合逻辑电路不同，时序逻辑电路在任何一个时刻的输出状态不仅取决于当时的输入信号，还取决于电路的原状态，具有存储电路的记忆。触发器是一个具有记忆功能的二进制信息存储器件，是构成时序逻辑电路的基本单元，能够接收、保持和输出信号。

任务描述

设计一个竞赛抢答器，有三个参赛选手，每位选手面前有一个抢答开关和一个 LED 显示灯，哪位选手先按下抢答开关，对应的 LED 显示灯亮，同时使其他人的抢答信号无效。触发器的“记忆”作用，使抢答器电路工作更可靠、稳定。通过学习各种常用触发器的电路原理、功能和电路特点，触发器的逻辑功能测试和应用，建立时序逻辑电路的基本概念，为后面学习时序逻辑电路打下基础。

知识链接

触发器是一个具有记忆功能的二进制信息存储器件，是构成时序逻辑电路的基本单元，能够接收、保持和输出信号，起到信息接收、存储、传输的作用。触发器具有两个基本特征：

1）触发器具有两个稳定状态，分别称为“0”状态和“1”状态，在没有外界信号作用时，触发器维持原来的稳定状态不变，即触发器具有记忆功能。

2）在一定的外界信号作用下，触发器可以从一个稳定状态转变到另一个稳定状态。转变的过程称为翻转。

触发器按照逻辑功能可分为 RS 触发器、JK 触发器、D 触发器和 T 触发器等；从结构上可分为基本触发器、钟控触发器、主从触发器等；从触发方式上可分为电平触发型、主从触发型、边沿触发型。

5.1.1　RS 触发器

1. 基本 RS 触发器

基本 RS 触发器由两个与非门 G_1 和 G_2 交叉连接组成，逻辑结构图如图 5-2a 所示，逻辑符号如图 5-2b 所示。$\overline{R}$ 和 $\overline{S}$ 是两个输入端，字母上的非号表示低电平

触发器

触发有效，在逻辑符号上用小圆圈表示；Q 和 $\bar{Q}$ 是两个状态相反的输出端。规定 $Q=1$、$\bar{Q}=0$ 的状态为触发器的 1 状态，记作 $Q=1$；规定 $Q=0$、$\bar{Q}=1$ 的状态为触发器的 0 状态，记作 $Q=0$。

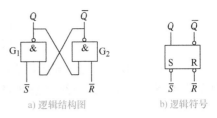

a) 逻辑结构图　　b) 逻辑符号

图 5-2　基本 RS 触发器

基本 RS 触发器的工作原理为：

1）当 $\bar{R}=0$、$\bar{S}=1$ 时，触发器置 0。这是因为 $\bar{R}=0$，G_2 门输出为高电平，即 $\bar{Q}=1$，这时 G_1 门输入均为高电平，输出为低电平，即 $Q=0$，触发器被置 0。使触发器置为 0 状态的输入端 $\bar{R}$ 称为置 0 端，也称复位端或清零端，低电平有效。

2）当 $\bar{R}=1$、$\bar{S}=0$ 时，触发器置 1。因 $\bar{S}=0$，G_1 门输出为高电平，即 $Q=1$，G_2 门输入均为高电平，输出为低电平，即 $\bar{Q}=0$，触发器被置 1。使触发器置位 1 的输入端 $\bar{S}$ 称为置 1 端，也称置位端，低电平有效。

3）当 $\bar{R}=1$、$\bar{S}=1$ 时，触发器保持原有状态不变。若触发器原状态为 0 态，则 $Q=0$ 反馈到 G_2 门输入端，使 $\bar{Q}=1$，G_1 门输入均为高电平，使 $Q=0$，电路保持 0 状态不变；如果电路原状态为 1 态，则电路同样保持 1 态不变。

4）当 $\bar{R}=0$、$\bar{S}=1$ 时，触发器状态不定。触发器输出 $Q=\bar{Q}=1$，既不是 0 态也不是 1 态。并且由于与非门延迟时间不可能完全相等，在两输入端的 0 同时撤除或同时由 0 变为 1 时，将不能确定触发器是处于 1 状态还是 0 状态。所以触发器不允许出现这种情况，应当禁止。

触发器接收输入信号之前的状态，也就是触发器原来的稳定状态，称为现态，用 Q^n 表示；触发器接收输入信号之后所处的新的稳定状态，称为次态，用 Q^{n+1} 表示。表示触发器的次态与输入信号、触发器的现态之间的对应关系的真值表，称为功能表。根据工作原理分析，可以列出如表 5-1 所示的基本 RS 触发器的功能表。

表 5-1　基本 RS 触发器的功能表

$\bar{R}$	$\bar{S}$	Q^n	Q^{n+1}	说明
0	1	0	0	置 0
0	1	1	0	
1	0	0	1	置 1
1	0	1	1	
1	1	0	0	保持
1	1	1	1	
0	0	0	不允许出现	禁用
0	0	1		

根据功能表，基本 RS 触发器的逻辑功能可用式（5-1）表示：

$$\begin{cases} Q^{n+1} = S + \overline{R}Q^n \\ \overline{S} + \overline{R} = 1 \text{（约束条件）} \end{cases} \qquad (5\text{-}1)$$

式（5-1）反映了触发器的次态 Q^{n+1}、现态 Q^n 及输入信号 R、S 之间的逻辑关系，称为触发器的特性方程。其中约束条件表示，基本 RS 触发器的输入端不允许同时出现为 0 的情况。

这种最简单的 RS 触发器是各种多功能触发器的基本组成部分，所以称为基本 RS 触发器。

此外，还可以用或非门构成基本 RS 触发器，逻辑电路、逻辑符号如图 5-3 所示。这种触发器的触发信号是高电平有效。

基本 RS 触发器具有以下特点：

1）触发器的次态不仅与输入信号状态有关，而且与触发器的现态有关。

2）电路具有两个稳定状态，即 0 状态和 1 状态。在无外来触发信号作用时，电路将保持原状态不变。

3）在外加触发信号有效时，电路可以触发翻转，实现置 0 或置 1。该电路为低电平有效。

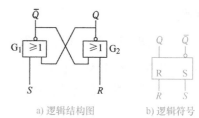

图 5-3　或非门组成的基本 RS 触发器

4）在稳定状态下，两个输出端的状态必须是互补关系，即有约束条件。

2. 同步 RS 触发器

基本 RS 触发器的输出状态直接受输入信号控制，只要输入信号变化，输出就随之变化。在实际应用中，一个数字系统常包括多个触发器，希望各触发器能按一定的时间节拍，协调一致地工作，这就要求系统能有一个控制信号（称为时钟脉冲）来控制各触发器的翻转，至于翻转到什么状态，仍由 R、S 决定，这就是同步 RS 触发器。

同步 RS 触发器提高了基本 RS 触发器的抗干扰能力，工作状态不仅受输入端（R、S）控制，而且还受时钟脉冲（CP）控制，简称为同步触发器。所谓同步就是指触发器状态的改变与时钟脉冲 CP 同步进行。

同步 RS 触发器的逻辑结构图和逻辑符号如图 5-4 所示。由与非门 G_1 和 G_2 组成基本 RS 触发器，与非门 G_3 和 G_4 组成输入控制门电路，输入信号 R、S 通过控制门进行传递，CP 称为时钟脉冲，是输入控制信号。时钟脉冲（CP）是等周期、等幅度的脉冲串，由外部电路产生，用来控制同步触发器的工作。

同步 RS 触发器的工作原理为：

1）当 $CP = 0$ 时，控制门 G_3 和 G_4 被封锁，输入信号 S、R 不起作用，基本触发器保持原来状态不变。

2）当 $CP = 1$ 时，控制门 G_3 和 G_4 被打开，输入信号被接收，G_3 和 G_4 输出为 $\overline{S}$、$\overline{R}$，其工作原理与基本 RS 触发器相同。

同步触发器的功能表见表 5-2。

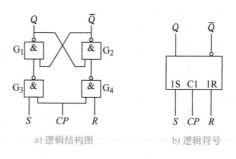

a）逻辑结构图　　　　b）逻辑符号

图 5-4　同步 RS 触发器

表 5-2　同步触发器的功能表

CP	R	S	Q^n	Q^{n+1}	功能
0	×	×	×	Q^n	$Q^{n+1}=Q^n$，保持
1	0	0	0	0	$Q^{n+1}=Q^n$，保持
1	0	0	1	1	
1	0	1	0	1	$Q^{n+1}=1$，置1
1	0	1	1	1	
1	1	0	0	0	$Q^{n+1}=0$，置0
1	1	0	1	0	
1	1	1	0	不用	不允许
1	1	1	1	不用	

根据同步 RS 触发器的功能表可以得到特性方程为

$$\begin{cases} Q^{n+1}=S+\overline{R}Q^n \\ RS=0(约束条件)CP=1\ 期间有效 \end{cases} \tag{5-2}$$

其中约束条件表示，同步 RS 触发器的输入端不允许同时出现 1 的情况。

【例 5.1】　已知同步 RS 触发器的 CP、S、R 波形如图 5-5 所示，试画出同步 RS 触发器的输出波形。设触发器初态为 0。

解：根据同步 RS 触发器的逻辑功能，可直接画出输出波形，其输出波形如图 5-5 所示。

同步 RS 触发器的特点是：

1）时钟电平控制。在 $CP=1$ 期间同步 RS 触发器接收输入信号，$CP=0$ 时同步 RS 触发器保持状态不变。多个同步 RS 触发器可以在同一个时钟脉冲控制下同步工作，方便用户使用。而且同步 RS 触发器只在 $CP=1$ 时工作，$CP=0$ 时被禁止，与基本 RS 触发器相比，其抗干扰能力增强。

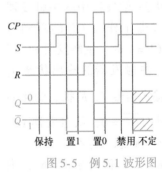

图 5-5　例 5.1 波形图

2）R、S 之间有约束。不能允许出现 R 和 S 同时为 1 的情况，否则会使触发器处于不确定的状态。

3）存在空翻问题。由于当 $CP=1$ 时，同步 RS 触发器的 G_3 和 G_4 门都是开放的，都能接收输入信号，因此在 $CP=1$ 期间，如果输入信号发生多次变化，触发器的状态也会发生相应的改变。这种在 $CP=1$ 期间，由于输入信号变化而引起的触发器翻转的现象，称为触发器的空翻现象。

由于同步 RS 触发器存在空翻问题，其应用范围也就受到了限制。它不能用来构成移位寄存器和计数器。因为在这些部件中，当 $CP=1$ 时，不可避免地会使触发器的输入信号发生变化，从而出现空翻，使这些部件不能按时钟脉冲的节拍正常工作。此外，这种触发器在 $CP=1$ 期间，如遇到一定强度的正向脉冲干扰，使 S、R 信号发生变化时，也会引起空翻现象，所以它的抗干扰能力也差。

5.1.2 主从 JK 触发器

为了解决因电平触发引起的空翻现象及输入端之间存在的约束现象，对同步触发器进行改进，从而设计出主从 JK 触发器。

图 5-6 所示是主从 JK 触发器的逻辑结构图和逻辑符号。它由两个可控 RS 触发器串联组成，FF_1 称为主触发器，FF_2 称为从触发器。时钟脉冲先使主触发器翻转，然后使从触发器翻转，这就是"主从型"的由来。此外，还有一个非门将两个触发器联系起来。J 和 K 是信号输入端，分别与 $\overline{Q}$ 和 Q 构成与逻辑关系，称为主触发器的 S 端和 R 端，即 $S = J\overline{Q}$，$R = KQ$。从触发器的 S 端和 R 端即为主触发器的输出端 Q_1 和 $\overline{Q_1}$。$\overline{S_D}$ 是直接置 1 端，$\overline{R_D}$ 是直接置 0 端，用来预置触发器的初始状态，不受时钟控制，低电平有效，触发器正常工作时，应使 $\overline{R_D} = \overline{S_D} = 1$。

为了提高触发器的抗干扰能力和可靠性，触发器只在时钟脉冲的下降沿（CP 由 1→0）或上升沿（CP 由 0→1）才接收信号，并按输入信号决定触发器状态，其他时刻触发器状态保持不变，这样的触发器称为边沿触发器。JK 触发器有上升沿触发和下降沿触发两种。为了区别于电平触发，在逻辑符号中靠近 CP 输入端方框的内侧加入"∧"符号，表示边沿触发，如果没有，表示电平触发。下降沿触发的逻辑符号在 CP 输入端靠近方框处用一小圆圈表示，如图 5-6b 所示，如果没有小圆圈，表示上升沿触发。

主从 JK 触发器中的主触发器和从触发器工作在 CP 的不同时区。当 $CP = 1$ 时，主触发器 FF_1 正常工作，主触发器的输出状态 Q_1 和 $\overline{Q_1}$ 随输入信号 J、K 状态变化而改变；此时 $\overline{CP} = 0$，从触发器 FF_2 封锁，输出状态保持不变。

当 CP 由 1 负跃变成 0 时，主触发器 FF_1 封锁，输出状态 Q_1 和 $\overline{Q_1}$ 保持不变；由于 $\overline{CP} = 1$，从触发器 FF_2 正常工作，由于 $S_2 = Q_1$，$R_2 = \overline{Q_1}$，从触发器的输出状态由主触发器的状态决定。

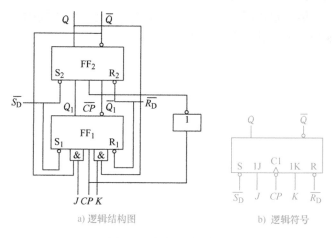

a) 逻辑结构图   b) 逻辑符号

图 5-6 主从 JK 触发器

下面从 4 种情况分析 JK 触发器的逻辑功能。

1）$J = 0$，$K = 0$。因主触发器保持初态不变，所以当 CP 脉冲下降沿到来时，触发器保持原态不变，即 $Q^{n+1} = Q^n$。

2）$J = 1$，$K = 0$。设触发器的初始状态 $Q^n = 0$，则当 $CP = 1$ 时，主触发器输出 $Q_1 = 1$，$\overline{Q_1} = 0$，当 CP 脉冲下降沿到来时，从触发器置 1，即 $Q^{n+1} = 1$。若初态 $Q^n = 1$，则也有相同的结论，即 $Q^{n+1} = 1$。

3) $J=0$，$K=1$。设触发器的初始状态 $Q^n=0$，则当 $CP=1$ 时，主触发器输出 $Q_1=0$，$\overline{Q_1}=1$。当 CP 脉冲下降沿到来时，从触发器置 0，即 $Q^{n+1}=0$。若初态 $Q^n=1$，则也有相同的结论，即 $Q^{n+1}=0$。

4) $J=1$，$K=1$。设触发器的初始状态 $Q^n=0$，则当 $CP=1$ 时，主触发器输出 $Q_1=1$，$\overline{Q_1}=0$。CP 脉冲下降沿到来时，从触发器翻转为 1。若初态 $Q^n=1$，则当 $CP=1$ 时，主触发器输出 $Q_1=0$，$\overline{Q_1}=1$。当 CP 脉冲下降沿到来时，从触发器翻转为 0。次态和初态相反，即 $Q^{n+1}=\overline{Q^n}$，实现翻转。

可见，主从 JK 触发器是一种具有保持、翻转、置 1、置 0 功能的触发器，克服了 RS 触发器的禁用状态，是一种使用灵活、功能强、性能好的触发器。主从 JK 触发器的功能表见表 5-3。

表 5-3　主从 JK 触发器的功能表

J	K	Q^n	Q^{n+1}	功能
×	×	×	Q^n	$Q^{n+1}=Q^n$，保持
0	0	0	0	$Q^{n+1}=Q^n$，保持
0	0	1	1	
0	1	0	0	$Q^{n+1}=0$，置 0
0	1	1	0	
1	0	0	1	$Q^{n+1}=1$，置 1
1	0	1	1	
1	1	0	1	$Q^{n+1}=\overline{Q^n}$，翻转
1	1	1	0	

根据主从 JK 触发器的功能特性，可以得到特征方程为

$$Q^{n+1}=J\overline{Q^n}+\overline{K}Q^n \qquad (5\text{-}3)$$

【例 5.2】　图 5-6 所示的主从 JK 触发器，若 CP、J、K 的输入信号波形如图 5-7 所示，试画出 Q 端的输出波形，假定触发器的初态为 0。

解：根据主从 JK 触发器的逻辑功能可画出输出 Q 端的波形图。

主从 JK 触发器的特点如下：

1) 主、从分时控制，克服了触发器在一个时钟周期内多次翻转的特点，性能上有了很大的改进。

2) 主从触发器功能完善、使用方便，但存在一次变化现象。在 $CP=1$ 期间，主触发器接收了输入激励信号发生一次翻转后，主触发器就一直保持不变，不再随输入激励信号 J、K 的变化而变化，这种现象称为一次变化现象。为避免一次变化现象，比较简单的办法是使用主从 JK 触发器时，保证在 $CP=1$ 期间，J、K 保持不变。

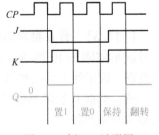

图 5-7　例 5.2 波形图

74LS112 为负边沿触发的双 JK 触发器，引脚图如图 5-8a 所示。$\overline{S_D}$、$\overline{R_D}$ 分别为异步置 1

端和异步置 0 端，均为低电平有效。CC4027 为 CP 上升沿触发，且其异步输入端 R_D 和 S_D 为高电平有效，引脚图如图 5-8b 所示。

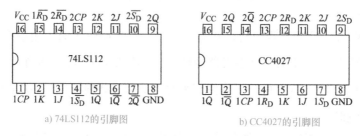

a) 74LS112的引脚图　　　　　　b) CC4027的引脚图

图 5-8　常用 JK 触发器引脚图

5.1.3　D 触发器

D 触发器可以由 JK 触发器演变而来，图 5-9a 所示为由 JK 触发器 J 端通过非门与 K 端相连，转换成 D 触发器。其逻辑符号如图 5-9b 所示。

D 触发器的逻辑功能如下：

1）当 $D = 1$ 时，相当于 $J = 1$、$K = 0$ 的条件，此时，不管触发器原来的状态如何，CP 脉冲的下降沿到来后，触发器总是置于 1。

2）当 $D = 0$ 时，对应于 $J = 0$、$K = 1$ 的条件，此时，不管触发器原来的状态如何，CP 脉冲的下降沿到来后，触发器总是置于 0。

D 触发器的功能表见表 5-4。

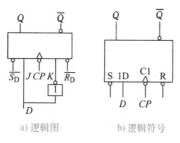

a) 逻辑图　　　　b) 逻辑符号

图 5-9　D 触发器

表 5-4　D 触发器的功能表

D	Q^n	Q^{n+1}
0	0	0
0	1	0
1	0	1
1	1	1

根据 D 触发器的功能特性，得到特征方程为

$$Q^{n+1} = D \tag{5-4}$$

【例 5.3】　若 D 触发器的 CP、D 的输入信号波形如图 5-10 所示，试画出 Q 端的输出波形，假定触发器的初态为 0。

解：根据 D 触发器的逻辑功能可画出输出 Q 端的波形图。

D 触发器的主要特点如下：

1）抗干扰能力强，因为 D 触发器只允许时钟脉冲 CP 的上升沿到来的时刻，改变

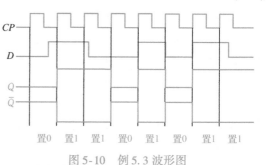

图 5-10　例 5.3 波形图

触发器的状态。

2）只具有置 1、置 0 功能。

D 触发器具有暂存数据的功能，且边沿特性好，抗干扰能力强，是构成时序逻辑电路的重要部件。常用的集成 D 触发器是 74LS74，它是双上升沿 D 触发器，每个触发器仍然具有低电平有效的异步置 1、置 0 端：$\overline{R_D}$、$\overline{S_D}$，其引脚图如图 5-11 所示，其功能表见表 5-5。

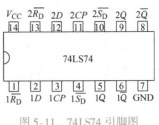

图 5-11　74LS74 引脚图

表 5-5　74LS74 的功能表

输入				输出	功能
异步输入端		时钟	同步输入端	Q	
$\overline{R_D}$	$\overline{S_D}$	CP	D		
0	0	×	×	不允许	不允许
0	1	×	×	0	异步置0
1	0	×	×	1	异步置1
1	1	↑	0	0	同步置0
1	1	↑	1	1	同步置1

5.1.4　T 触发器和 T′触发器

在实际应用的触发器电路经常用到 T 触发器和 T′触发器，但实际集成产品中没有这两种类型的电路，可以是由 JK 触发器或 D 触发器转换而来。同一电路结构的触发器可以做成不同的逻辑功能；同一逻辑功能的触发器可以用不同的电路结构来实现。

把 JK 触发器的 J、K 端连接起来作为输入端，构成 T 触发器，如图 5-12a 所示。根据输入信号 T 取值的不同，具有保持和翻转功能，即当 $T=0$ 时能保持状态不变；当 $T=1$ 时，每来一个 CP 脉冲，触发器状态翻转一次。T 触发器的功能表见表 5-6。

表 5-6　T 触发器的功能表

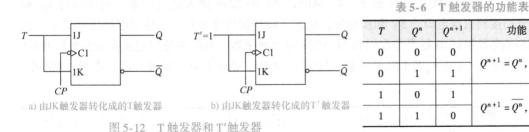

a) 由JK触发器转化成的T触发器　　b) 由JK触发器转化成的T′触发器

图 5-12　T 触发器和 T′触发器

T	Q^n	Q^{n+1}	功能
0	0	0	$Q^{n+1}=Q^n$，保持
0	1	1	
1	0	1	$Q^{n+1}=\overline{Q^n}$，翻转
1	1	0	

将 T 代入 JK 触发器的特性方程中得到 T 触发器的特性方程

$$Q^{n+1} = T\,\overline{Q^n} + \overline{T}Q^n \tag{5-5}$$

T 触发器的逻辑功能为：当 $T=0$ 时，$Q^{n+1}=Q^n$，输入时钟脉冲 CP 时，触发器仍保持原来状态不变，即具有保持功能；当 $T=1$ 时，$Q^{n+1}=\overline{Q^n}$，每输入一个时钟脉冲 CP，触发器的状态变化一次，即具有翻转功能。

将 JK 触发器的 J 和 K 相连作为 T′ 输入端，并接成高电平 1，就构成 T′ 触发器，如图 5-12b 所示。

T′ 触发器实际上是 T 触发器输入 $T=1$ 时的一个特例，凡是每来一个时钟脉冲就翻转一次。T′ 触发器的特性方程为

$$Q^{n+1} = \overline{Q^n} \tag{5-6}$$

任务实施

1. 设备与器件

电工电子实验台、74LS10 和 74LS279。

2. 任务实施过程

(1) 74LS10 和 74LS279 集成电路功能测试

74LS10 是 3 输入与非门，内部有 3 个与非门，74LS279 是 RS 触发器，每片上有 4 路 RS 触发器，每路 RS 触发器有 R 和 S 两个输入以及一个输出端 Q。74LS10 内部电路图和 74LS279 引脚图如图 5-13 所示。

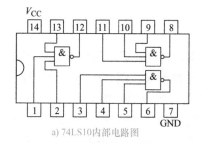

a) 74LS10 内部电路图   b) 74LS279 引脚图

图 5-13 74LS10 内部电路图和 74LS279 引脚图

在电工电子实验台断电情况下，将 74LS10 和 74LS279 插入适当位置，用导线将 V_{CC} 和 GND 分别接到直流电源的 5V 和接地处，将输入端连接到电平开关，输出端接电平指示灯插孔。依次检测 74LS10 每个与非门和 74LS279 每个触发器，将结果分别记录在表 5-7 和表 5-8 中。注意使用时把 $1\overline{S_A}$ 和 $1\overline{S_B}$ 连一起，作为 $1\overline{S}$ 使用；把 $3\overline{S_A}$ 和 $3\overline{S_B}$ 连一起，作为 $3\overline{S}$ 使用。

表 5-7 74LS10 的检测记录

1A	1B	1C	1Y	2A	2B	2C	2Y	3A	3B	3C	3Y
0	0	0		0	0	0		0	0	0	
0	0	1		0	0	1		0	0	1	
0	1	0		0	1	0		0	1	0	
0	1	1		0	1	1		0	1	1	
1	0	0		1	0	0		1	0	0	
1	0	1		1	0	1		1	0	1	
1	1	0		1	1	0		1	1	0	
1	1	1		1	1	1		1	1	1	

表5-8　74LS279 的检测记录

$1\overline{R}$	$1\overline{S}$	$1Q$	$2\overline{R}$	$2\overline{S}$	$2Q$	$3\overline{R}$	$3\overline{S}$	$3Q$	$4\overline{R}$	$4\overline{S}$	$4Q$
0	0		0	0		0	0		0	0	
0	1		0	1		0	1		0	1	
1	0		1	0		1	0		1	0	
1	1		1	1		1	1		1	1	

（2）三人抢答器电路测试

三人抢答器电路原理图如图 5-14 所示。选择 74LS279 中的 3 个基本 RS 触发器，选择 74LS10 3 输入与非门连接电路，输入端连接基本 RS 触发器的输出端，输出端 Y 连接电平指示灯。

电路具有如下功能：按钮 S_R 由主持人控制，为总清零和强制控制按钮。当按钮被按下时抢答电路清零，松开后允许

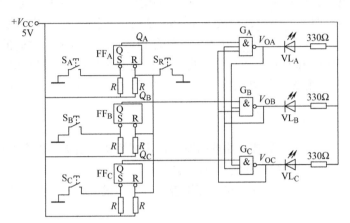

图 5-14　三人抢答器电路原理图

抢答；按钮 S_A、S_B、S_C 为抢答按钮，当按下按钮时对应的指示灯被点亮。此时再按其他抢答按钮，均无效，指示灯仍保持第一个按钮按下时的状态。

拨动输入端的按钮 S_A、S_B、S_C 进行不同组合（分别用 S_A、S_B、S_C 表示按钮的状态，按下为 0，松开为 1），观察指示灯 VL_A、VL_B、VL_C 的亮灭（分别用 Y_A、Y_B、Y_C 表示指示灯的状态，亮为 1，灭为 0），验证电路的逻辑功能，记录在表5-9 中。

表5-9　三人抢答器电路记录表

$S_R = 0$						$S_R = 1$					
输入			输出			输入			输出		
S_A	S_B	S_C	Y_A	Y_B	Y_C	S_A	S_B	S_C	Y_A	Y_B	Y_C
0	0	0				0	0	0			
0	0	1				0	0	1			
0	1	0				0	1	0			
0	1	0				0	1	0			
1	0	0				1	0	0			
1	0	1				1	0	1			
1	1	0				1	1	0			
1	1	1				1	1	1			

3. 任务考核

记录测试结果，写出实训报告，并思考下列问题：

1）74LS10 是_____输入与非门，内部有_____个与非门；74LS279 是 RS 触发器，每片上有_____路 RS 触发器，每路 RS 触发器有 R 和 S 两个输入端以及一个输出端 Q。

2）在三人抢答器电路中，当所有按钮都未按下时，每个 RS 触发器的 R 端接_____电平，S 端为_____电平，Q 端输出_____电平，与非门输出端为_____电平，三个 LED 灯_____；当按下 A、B、C 任意一按钮时，相应的 RS 触发器的 R 端接_____电平，S 端为_____电平，Q 端输出_____电平，对应的与非门输出端为_____电平，对应的 LED 灯_____；再按下其他抢答开关时，LED 灯_____。当按下 S_R 按钮时，三个 RS 触发器的 R 端接_____电平，Q 端输出_____电平，三个 LED 灯_____。

4. 注意事项

1）注意集成电路的引脚顺序不要插错，引脚不能弯曲或折断。

2）指示灯的阴、阳极不能接反。

3）在通电前，先用万用表检查各集成电路的电源接线是否正确。

任务5.2   流水线计数装置的设计

任务导入

按照逻辑功能和电路组成的不同，数字电路可以分为组合逻辑电路和时序逻辑电路。时序逻辑电路是一种有记忆的电路，它的基本单元是触发器，基本功能电路是计数器和寄存器。计数器广泛应用于日常生活中的各种电子设备，给人们的工作、生活和娱乐带来极大方便。那么计数器的工作原理是什么？又如何设计一个简单的计数器？

任务描述

本任务利用计数器设计和制作流水线中的计数装置，流水线示意图如图 5-15 所示。当传送带上每经过一个工件，红外接收头便向计数器送出一个计数脉冲，当计满 8 个工件时，计数器便向继电器发出计数进位脉冲。继电器驱动装箱装置工作，完成最后的包装工序。利用十进制同步计数器 74LS160 设计一个流水线八进制计数装置，通过数码管实时显示工件数。通过本任务，学习时序逻辑电路的分析和设计方法、集成计数器的工作原理及电路设计，使读者能够熟练应用时序逻辑电路的分析方法，判断 N 进制时序逻辑电路的逻辑功能，能够根据集成计数器的逻辑功能表，熟练设计不同进制计数器。

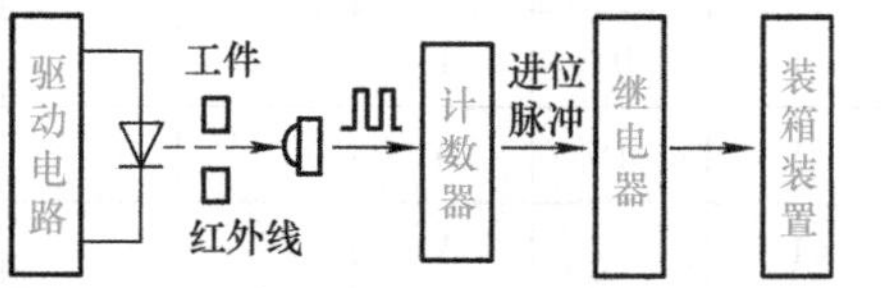

图 5-15   流水线示意图

知识链接

5.2.1　时序逻辑电路的概述

1. 时序逻辑电路的基本特征

在数字电路中，凡是任一时刻的稳定输出不仅取决于该时刻的输入，而且还与电路原来的状态有关的，都叫作时序逻辑电路，简称时序电路。时序逻辑电路由组合逻辑电路和存储电路两部分组成。时序逻辑电路组成框图如图 5-16 所示。其中，$A_1 \sim A_n$ 代表时序逻辑电路的输入；$Y_1 \sim Y_m$ 代表时序逻辑电路的输出；$X_1 \sim X_s$ 代表存储电路的输入；$Q_1 \sim Q_r$ 代表存储电路的输出。

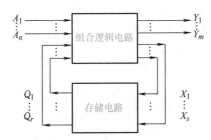

图 5-16　时序逻辑电路组成框图

组合逻辑电路的作用是完成逻辑运算或算术运算等操作，由门电路组成，其输出信号必须反馈到存储电路的输入端，以便决定下一时刻存储电路的状态。存储电路的作用是记忆处理中间结果，主要由具有记忆功能的触发器组成，其状态必须反馈到组合逻辑电路的输入端，与输入信号共同决定组合逻辑电路的输出。

时序逻辑电路是一种重要的数字逻辑电路，它与组合逻辑电路的功能和特点不同。组合逻辑电路在任一时刻的输出仅取决于当时的输入，与过去的历史无关，即有什么样的输入就有什么样的输出。从电路的组成来看，它不含任何具有存储功能的触发器。时序逻辑电路在任一时刻的输出不仅取决于该时刻的输入，而且还与电路原来的状态有关。从电路组成来看，它包含有触发器，而触发器就是最简单、最基本的时序电路。

时序逻辑电路的分类有很多种，但主要按照存储电路中各触发器是否由统一时钟控制，分为同步时序电路与异步时序电路两类。同步时序电路是存储电路里所有触发器有一个统一的时钟源，它们的状态在同一时刻更新。异步时序电路是没有统一的时钟脉冲或没有时钟脉冲，电路的状态更新不是同时发生的。

2. 时序逻辑电路的分析方法

对时序逻辑电路进行分析，就是找出电路的逻辑功能。具体来说，就是根据逻辑电路分析列出状态表，然后画出状态转换图和波形图，找出输出状态和输出函数在时钟及输入变量的作用下的变化规律，并给出该电路的功能分析描述。

5.2.2 寄存器

在数字电路中，寄存器是一种重要的单元电路，其功能是用来存放数据、
指令等。寄存器是由具有存储功能的触发器组合起来构成的。1 个触发器可以存
储 1 位二进制数码，存放 n 位二进制数码的寄存器，需用 n 个触发器来构成。寄存器按照逻
辑功能的不同，可分为数码寄存器和移位寄存器两大类。

1. 数码寄存器

具有接收数码、寄存数码、输出数码和清除数码功能的寄存器称为数码寄存器。
图 5-17 所示是由 4 个 D 触发器构成的 4 位二进制数码寄存器的逻辑图。

4 个触发器的时钟输入端连接在一起，受时钟脉
冲 CP 的同步控制，$D_1 \sim D_4$ 是寄存器并行的数据输
入端，用于输入 4 位二进制数码；$Q_1 \sim Q_4$ 是寄存器
的并行输出端，用于输出 4 位二进制数码。

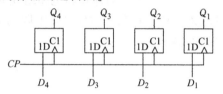

若要将 4 位二进制数码 $D_4 D_3 D_2 D_1 = 1010$ 存入寄
存器中，只要在时钟脉冲 CP 输入端加时钟脉冲。当

图 5-17　4 位二进制数码寄存器

CP 上升沿出现时，4 个触发器的输出端 $Q_4 Q_3 Q_2 Q_1 = 1010$，于是 4 位二进制数码同时存入 4
个触发器中。当外部电路需要这组数据时，可以从 $Q_4 Q_3 Q_2 Q_1$ 端读出。

当接收脉冲 CP 到来后，输入数据 $D_4 D_3 D_2 D_1$ 就一齐送入 D 触发器，这种输入方式称为
并行输入。寄存器在输出时也是各位同时输出的，称这种输出方式为并行输出。因此这种数
码寄存器称为并行输入 - 并行输出数码寄存器。

74LS175 是由 4 个 D 触发器构成的集成电路，可以用
来构成寄存器、抢答器等功能部件。4D 锁存器 74LS175 外
引脚图如图 5-18 所示，在其外引脚中，D_0、D_1、D_2、D_3 是
4 位数码的并行输入端，MR 是清零端，CP 是时钟脉冲输
入端，Q_0、$\overline{Q_0}$、Q_1、$\overline{Q_1}$、Q_2、$\overline{Q_2}$、Q_3、$\overline{Q_3}$ 是 4 位数码的并
行输出端。表 5-10 为 74LS175 的功能表。

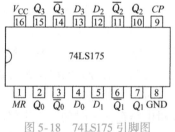

图 5-18　74LS175 引脚图

表 5-10　74LS175 功能表

输入						输出			
MR	CP	D_0	D_1	D_2	D_3	Q_0	Q_1	Q_2	Q_3
0	×	×	×	×	×	1	1	1	1
1	↑	D_0	D_1	D_2	D_3	D_0	D_1	D_2	D_3
1	0	×	×	×	×	保持			
1	1	×	×	×	×	保持			

2. 移位寄存器

移位寄存器是一种不仅能存储数码，还能使寄存的数码移位的寄存器。移位寄存器可分

成单向移位寄存器和双向移位寄存器。

由边沿 D 触发组成的 4 位右移移位寄存器如图 5-19 所示，其中第一个触发器 FF_0 的输入端接收输入信号，其余的每个触发器的输入端均与前面一个触发器的输出端 Q 端相连。

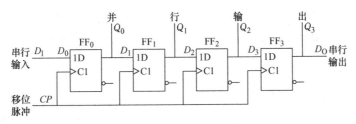

图 5-19　4 位右移移位寄存器

移位寄存器的工作原理如下：设寄存器中各触发器初态均为 0 状态，串行输入数码为"1011"，当输入第一个数码"1"时，这时 $D_0 = 1$，$D_1 = Q_0 = 0$，$D_2 = Q_1 = 0$，$D_3 = Q_2 = 0$，在第一个移位脉冲 CP 上升沿作用下，FF_0 由 0 态翻转到 1 态，第一个数码"1"进入触发器 FF_0，其原来的状态 $Q_0 = 0$ 移入 FF_1 中，数码向右移了一位，同理，FF_1、FF_2、FF_3 中的数码也都依次向右移一位。这时，寄存器的状态为 $Q_3Q_2Q_1Q_0 = 0001$。当输入第二个数码"0"时，在第二个移位脉冲 CP 上升沿作用下，第二个数码"0"进入触发器 FF_0，其原来的状态 $Q_0 = 1$ 移入 FF_1 中，数码向右移了一位，同理，FF_1、FF_2、FF_3 中的数码也都依次向右移一位。这时，寄存器的状态为 $Q_3Q_2Q_1Q_0 = 0010$。依次类推，在移位脉冲的作用下，数码由低位到高位存入寄存器，实现了右移。在移位脉冲作用下，触发器的状态转换关系见表 5-11。

表 5-11　右移移位寄存器的状态转换表

时钟编号	寄存器状态					
CP	Q_3	Q_2	Q_1	Q_0	D_I	
0	0	0	0	0	1↑	第一个串入的数码"1"
1	0	0	0	1	0↑	第二个串入的数码"0"
2	0	0	1	0	1↑	第三个串入的数码"1"
3	0	1	0	1	1↑	第四个串入的数码"1"
4	1	0	1	1	×	
	←————————1011 向右移（向高位移）————————					

若需要从移位寄存器中取出数码，可从每位触发器的输出端引出，这种输出方式称并行输出。另一种输出方式是由最后一级触发器 FF_3 输出端引出。若寄存器中已存有数码 1011，每来一个移位脉冲输出一个数码（即将寄存器中的数码右移一位），则再来 4 个移位脉冲后，4 位数码全部逐个输出，这种方式称为串行输出。

移位寄存器也可以进行左移位。原理和右移寄存器没有本质的区别，规定向高位移称为右移，向低位移称为左移，而不管纸面上的方向如何。

把左移和右移移位寄存器组合起来，加上移位方向控制信号，便可方便地构成双向移位寄存器。74LS194 逻辑图和引脚功能示意图如图 5-20 所示，这是一种具有并行输出、并行输入、左移、右移、保持等多种功能的 4 位双向移位寄存器，其中 $D_0 \sim D_3$ 为并行输入端，$Q_0 \sim Q_3$ 为并行输出端，D_{SR} 为右移串行输入端，D_{SL} 为左移串行输入端，S_1、S_0 为操作模式控制端，R_D 为无条件直接清零端，CP 为时钟脉冲输入端。

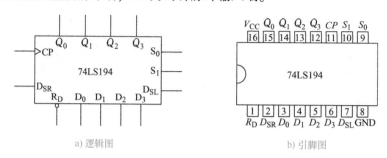

a) 逻辑图　　　　　　　　b) 引脚图

图 5-20　74LS194 的逻辑图和引脚功能示意图

74LS194 的功能表见表 5-12。

表 5-12　74LS194 的功能表

清零	控制		串行输入		时钟	并行输入				输出				工作模式
R_D	S_1	S_0	D_{SL}	D_{SR}	CP	D_0	D_1	D_2	D_3	Q_0	Q_1	Q_2	Q_3	
0	×	×	×	×	×	×	×	×	×	0	0	0	0	异步清零
1	×	×	×	×	×	×	×	×	×	Q_0^n	Q_1^n	Q_2^n	Q_3^n	保持
1	0	0	×	×	×	×	×	×	×	Q_0^n	Q_1^n	Q_2^n	Q_3^n	
1	0	1	×	1	↑	×	×	×	×	1	Q_0^n	Q_1^n	Q_2^n	右移，D_{SR} 为串行输入，Q_3 为串行输出
1	0	1	×	0	↑	×	×	×	×	0	Q_0^n	Q_1^n	Q_2^n	
1	1	0	1	×	↑	×	×	×	×	Q_1^n	Q_2^n	Q_3^n	1	左移，D_{SL} 为串行输入，Q_0 为串行输出
1	1	0	0	×	↑	×	×	×	×	Q_1^n	Q_2^n	Q_3^n	0	
1	1	1	×	×	↑	D_0	D_1	D_2	D_3	D_0	D_1	D_2	D_3	并行置数

1）清零功能：当清零端 $R_D=0$ 时，各输出端均为 0，与时钟无关。

2）保持功能：当清零端 $R_D=1$ 且 $CP=0$，或 $R_D=1$ 且 $S_1S_0=00$ 时，移位寄存器处于保持状态。

3）并行置数功能：当 $R_D=1$ 且 $S_1S_0=11$ 时，寄存器为并行输入方式，即在 CP 脉冲上升沿作用下，将输入到 $D_0 \sim D_3$ 的数据同时存入寄存器中，$Q_0 \sim Q_3$ 为并行输出端。

4）右移串行输入功能：当 $R_D=1$ 且 $S_1S_0=01$ 时，在 CP 时钟上升沿作用下，寄存器执行右移工作功能，D_{SR} 为右移串行输入端。

5）左移串行输入功能：当 $R_D=1$ 且 $S_1S_0=10$ 时，在 CP 时钟上升沿作用下，寄存器执行左移工作功能，D_{SL} 为左移串行输出端。

可以利用两片集成移位寄存器 74LS194 扩展成一个 8 位移位寄存器，如图 5-21 所示。

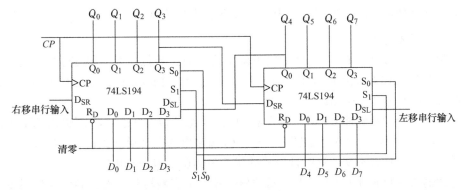

图 5-21 8 位移位寄存器

5.2.3 计数器

计数器是用来记忆输入脉冲个数的逻辑器件，可用于定时、分频、产生节拍脉冲和脉冲序列及进行数字运算等，是使用最多的时序逻辑电路。

按各触发器翻转情况的不同，分为同步计数器和异步计数器。在同步计数器中，当时钟信号到来时，触发器状态同时翻转；在异步计数器中，触发器状态不同时翻转。按数制的不同，分为二进制、十进制和任意进制计数器。按计数器中数字编码方式的不同，分为二进制计数器、二-十进制计数器、循环码计数器等。

1. 二进制计数器

二进制计数器是构成其他各种计数器的基础。二进制计数器是指按二进制编码方式进行计数的电路。用 n 表示二进制代码的位数，用 N 表示有效数字，在二进制计数器中有 $N = 2^n$ 个状态。

（1）异步二进制加法计数器

异步计数器在计数时采用从低位向高位逐位进（借）位的方式工作，因此其中的各个触发器不是同步翻转的。

由 JK 触发器组成的 4 位异步二进制加法计数器如图 5-22 所示，每个触发器的 J、K 端都接高电平，即接成 T' 触发器。计数脉冲 CP 由最低位的触发器的时钟脉冲端加入，每个触发器均为下降沿触发，低位触发器的 Q 输出端接相邻高位的时钟脉冲 CP 端。二进制加法计数的规则是：某一位如果是 1，则再加 1 时变成 0，同时向高位发出进位信号，使高位翻转。

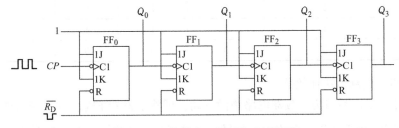

图 5-22 4 位异步二进制加法计数器

计数器在计数前，$\overline{R_D}$置零端加负脉冲，使各触发器为 0 状态，即 $Q_3Q_2Q_1Q_0 = 0000$。计数过程中，$\overline{R_D}$ 为高电平。

输入第一个计数脉冲 CP，当脉冲的下降沿到来时，最低位触发器 FF_0 由 0 态翻转为 1 态，因为 Q_0 端输出的上升沿加到 FF_1 的 CP 端，FF_1 不满足翻转条件，保持 0 态不变。这时计数器的状态为 $Q_3Q_2Q_1Q_0 = 0001$。

当输入第二个计数脉冲 CP 时，触发器 FF_0 由 1 态翻转为 0 态，Q_0 端输出的下降沿加到 FF_1 的 CP 端，FF_1 翻转，由 0 态翻转为 1 态。Q_1 端输出的上升沿加到 FF_2 的 CP 端，FF_2 不满足翻转条件，保持 0 态不变。这时计数器的状态为 $Q_3Q_2Q_1Q_0 = 0010$。

当连续输入计数脉冲 CP 时，只要低位触发器由 1 态翻转到 0 态，相邻高位触发器的状态改变。计数器中各触发器的状态转换顺序表见表 5-13。由表 5-13 可见，在计数脉冲 CP 作用下，计数器状态符合二进制加法规律，故称为异步二进制加法计数器。从状态 0000 开始，每来一个脉冲，计数器中数值加 1，当输入第 16 个脉冲时，计满归零，因此，该电路也称为 1 位十六进制计数器。

表 5-13 4 位异步二进制加法计数器状态转换表

计数脉冲	计数器状态				相应的十进制数
	Q_3	Q_2	Q_1	Q_0	
0	0	0	0	0	0
1	0	0	0	1	1
2	0	0	1	0	2
3	0	0	1	1	3
4	0	1	0	0	4
5	0	1	0	1	5
6	0	1	1	0	6
7	0	1	1	1	7
8	1	0	0	0	8
9	1	0	0	1	9
10	1	0	1	0	10
11	1	0	1	1	11
12	1	1	0	0	12
13	1	1	0	1	13
14	1	1	1	0	14
15	1	1	1	1	15
16	0	0	0	0	0

（2）异步二进制减法计数器

将 4 位异步二进制加法计数器电路稍做变动，即将触发器 FF_3、FF_2、FF_1 的时钟信号分别与前级触发器的 $\overline{Q}$ 端相连，就构成 4 位异步二进制减法计数器，电路如图 5-23 所示。

计数器在计数前，$\overline{R_D}$置零端加负脉冲，使各触发器为 0 状态，即 $Q_3Q_2Q_1Q_0 = 0000$。计数过程中，$\overline{R_\mathrm{D}}$为高电平。

当第一个减法计数脉冲 CP 下降沿到来时，最低位触发器 FF_0 由 0 态翻转为 1 态，$\overline{Q_0}=0$，产生一个下降沿信号，满足 FF_1 翻转条件，FF_1 输出 $Q_1=1$，$\overline{Q_1}=0$。同理，FF_2 和 FF_3 也随之发生翻转，这时计数器的输出状态为 $Q_3Q_2Q_1Q_0=1111$。

当第二个计数脉冲 CP 下降沿到来时，触发器 FF_0 由 1 态翻转为 0 态，$\overline{Q_0}=1$，产生上升沿信号，FF_1 不满足翻转条件，输出状态不发生改变。同理，FF_2 和 FF_3 的输出状态也保持不变，计数器的输出状态为 $Q_3Q_2Q_1Q_0=1110$。当时钟脉冲 CP 连续输入时，得到状态转换表见表 5-14。

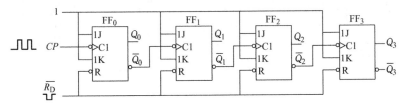

图 5-23　4 位异步二进制减法计数器

表 5-14　4 位异步二进制减法计数器状态转换表

计数脉冲	计数器状态				相应的十进制数
	Q_3	Q_2	Q_1	Q_0	
0	0	0	0	0	0
1	1	1	1	1	15
2	1	1	1	0	14
3	1	1	0	1	13
4	1	1	0	0	12
5	1	0	1	1	11
6	1	0	1	0	10
7	1	0	0	1	9
8	0	0	0	0	8
9	0	1	1	1	7
10	0	1	1	0	6
11	0	1	0	1	5
12	0	1	0	0	4
13	0	1	0	1	3
14	0	0	1	0	2
15	0	0	0	1	1
16	0	0	0	0	0

（3）同步二进制加法计数器

由于异步二进制计数器的进位信号是逐步传递的，它的计数速度受到限制，输入脉冲更要经过传输延迟时间才能到新的稳定状态。为了提高计数速度，应设法利用计数脉冲去触发计数器的全部触发器，使全部触发器的状态转换与输入脉冲同步，这就是同步计数器。

图 5-24 所示为同步二进制加法计数器，由 4 个下降沿触发的 JK 触发器构成，计数脉冲同时控制各位触发器的触发端。

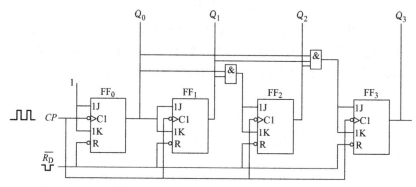

图 5-24　同步二进制加法计数器电路

触发器 FF_0 由于 $J = K = 1$，处于翻转状态，每一个 CP 脉冲下降沿到来时，其输出状态都要翻转。当第一个脉冲到来时，触发器 FF_0 输出 $Q_0 = 1$，FF_1、FF_2 和 FF_3 由于 $J = K = 0$，其输出状态保持不变，此时 $Q_3Q_2Q_1Q_0 = 0001$；当第二个脉冲到来时，触发器 FF_0 输出 0，而 FF_1 的 $J = K = 1$，输出 1，FF_2 和 FF_3 由于 $J = K = 0$，其输出状态保持不变，此时 $Q_3Q_2Q_1Q_0 = 0010$；由于 FF_2 的 $J = K = Q_0Q_1$，只有当 Q_0 和 Q_1 全为 1 时，即第 4 个脉冲到来时，Q_2 才能输出高电平；由于 FF_3 的 $J = K = Q_0Q_1Q_3$，只有当 Q_0、Q_1 和 Q_3 全为 1 时，即第 8 个脉冲到来时，Q_2 才能输出高电平。当第 16 个脉冲到来时，计满归零。其状态转换表、输出波形图与异步二进制加法计数器相似。

由于计数脉冲同时加到各位触发器的 CP 端，它们的状态变换和计数脉冲同步，这是"同步"名称的由来，并与"异步"相区别。同步计数器的计数速度比异步计数器快。

（4）集成二进制计数器

图 5-25a 所示为集成 4 位异步二进制加法计数器 74LS197 的引脚图，图 5-25b 为 74LS197 的结构框图。

集成计数器

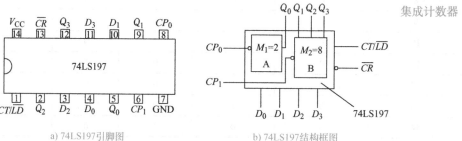

a) 74LS197引脚图　　　　　　　　　　b) 74LS197结构框图

图 5-25　集成 4 位异步二进制加法计数器 74LS197

$D_0 \sim D_3$ 是并行数据输入端，$Q_0 \sim Q_3$ 是计数器输出端。$\overline{CR}$ 是异步清零端，低电平有效。当 $\overline{CR}$ 为低电平时，不管 CP_0、CP_1 时钟端状态如何，可完成异步清零功能。$CT/\overline{LD}$ 为计数/

置数控制端，低电平有效。当 $\overline{CR}=1$、$CT/\overline{LD}=0$ 时，不管 CP_0、CP_1 时钟端状态如何，计数器实现异步置数，将 $D_0 \sim D_3$ 置给 $Q_0 \sim Q_3$。CP_0 和 CP_1 是两组时钟脉冲输入端。功能表见表 5-15。

表 5-15　74LS197 功能表

输入				输出
$\overline{CR}$	$CT/\overline{LD}$	CP_0	CP_1	Q_0　Q_1　Q_2　Q_3
0	×	×	×	0　　0　　0　　0，异步清零
1	0	×	×	D_0　D_1　D_2　D_3，异步置数
1	1	CP	×	二进制加法计数
1	1	×	CP	八进制加法计数
1	1	CP	Q_0	十六进制加法计数

值得注意的是：74LS197 集成电路有两组 CP 输入端，其内部包括两组相对独立的计数器，即为图 5-25b 中的计数器 A、计数器 B。

若将 CP 加在 CP_0 端，CP_1 端接地或置 1，则仅有计数器 A 工作，构成 1 位二进制即二进制异步加法计数器，如图 5-26a 所示；若将 CP 加在 CP_1 端，CP_0 端接地或置 1，则仅有计数器 B 工作，构成 3 位二进制即八进制异步加法计数器，如图 5-26b 所示；若将 CP 加在 CP_0 端，再把 Q_0 与 CP_1 连接起来，则实现了计数器 A、B 的级联，构成 4 位二进制即十六进制异步加法计数器，如图 5-26c 所示，因此也把 74LS197 称为二 – 八 – 十六进制计数器。

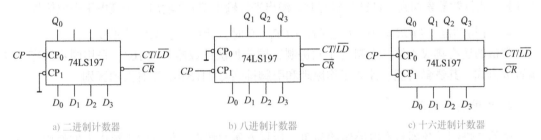

a) 二进制计数器　　　　　b) 八进制计数器　　　　　c) 十六进制计数器

图 5-26　用 74LS197 构成不同进制计数器

图 5-27a 所示为集成 4 位二进制同步加计数器 74LS161 的引脚图，图 5-27b 所示为 74LS161 的内部逻辑图。

$D_0 \sim D_3$ 为并行数据输入端；$Q_0 \sim Q_3$ 为状态输出端；CP 为时钟脉冲输入端，上升沿有

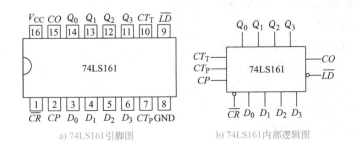

a) 74LS161引脚图　　　　　　b) 74LS161内部逻辑图

图 5-27　集成 4 位二进制同步加法计数器 74LS161

效；$\overline{CR}$ 为清零端，低电平有效；$\overline{LD}$ 为同步并行置数控制端，低电平有效；CT_P 和 CT_T 为工作状态控制端，当两者或其中之一为低电平时，计数器保持原态，当两者为高电平时，计数；CO 为进位信号输出端，高电平有效。表 5-16 为 74LS161 的功能表。

表 5-16　74LS161 的功能表

输入									输出				
$\overline{CR}$	$\overline{LD}$	CT_P	CT_T	CP	D_0	D_1	D_2	D_3	Q_0	Q_1	Q_2	Q_3	CO
0	×	×	×	×	×	×	×	×	0	0	0	0	0
1	0	×	×	↑	d_0	d_1	d_2	d_3	d_0	d_1	d_2	d_3	
1	1	1	1	↑	×	×	×	×	计数				
1	1	0	×	×	×	×	×	×	保持				
1	1	×	0	×	×	×	×	×	保持				0

集成 4 位二进制同步加法计数器 74LS161 具有以下功能：

1）异步清零功能。当 $\overline{CR} = 0$ 时，计数器输出为全零状态。因清零不需要与时钟脉冲 CP 同步，因此称为异步清零。

2）同步并行置数功能。当 $\overline{CR} = 1$、$\overline{LD} = 0$ 时，在 CP 脉冲上升沿作用下，计数器输出并行数据 $D_3 D_2 D_1 D_0$。

3）二进制同步加法计数功能。当 $\overline{CR} = \overline{LD} = 1$ 且 $CT_P = CT_T = 1$ 时，按 4 位自然二进制码同步计数，当计数器累加到 "1111" 状态时，溢出进位输出端 CO 输出一个高电平进位信号。

4）保持功能。当 $\overline{CR} = \overline{LD} = 1$ 且 $CT_P \cdot CT_T = 0$ 时，计数器状态保持不变。

类似的还有集成 4 位二进制（十六进制）同步加法计数器 74LS163，采用同步清零、同步置数方式，其逻辑功能、计数工作原理和引脚排列与 74LS161 没有大的区别。

2. 十进制计数器

虽然二进制计数器具有电路结构简单、运算方便的特点，但日常生活中人们使用的是十进制计数，因此数字系统中经常要用到十进制计数器。十进制计数器与二进制计数器的工作原理基本相同，在 4 位二进制计数器的 16 种状态的基础上，只使用 0000～1001，剩下的 6 种状态 1001～1111 不用，即可实现十进制计数器。

图 5-28a 所示为集成十进制异步加法计数器 74LS190 的引脚图，图 5-28b 为 74LS190 的结构框图。

其中，CP_0 和 CP_1 是两组时钟脉冲输入端；$Q_0 \sim Q_3$ 是计数器状态输出端；S_9 包括两个并行端口 S_{9A} 和 S_{9B}，是置 "9" 端；R_0 包括两个并行端口 R_{0A} 和 R_{0B}，是清零端。表 5-17 所示为 74LS290 的功能表。

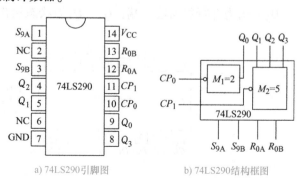

a) 74LS290引脚图　　　　b) 74LS290结构框图

图 5-28　集成十进制异步加法计数器 74LS190

表 5-17　74LS290 的功能表

输入			输出				备注
R_0	S_9	CP	Q_0^{n+1}	Q_1^{n+1}	Q_2^{n+1}	Q_3^{n+1}	
1	0	×	0	0	0	0	清零
×	1	×	1	0	0	1	置 "9"
0	0	↓	计数				

集成十进制异步计数器 74LS290 具有以下功能：

1）异步清零功能。当 $S_9 = S_{9A} \cdot S_{9B} = 0$ 时，若 $R_0 = R_{0A} = R_{0B} = 1$，则计数器清零，并与 CP 无关。

2）异步置 "9" 功能。当 $S_9 = S_{9A} \cdot S_{9B} = 1$ 时，计数器置 "9"，即被置成 1001 的状态。置 "9" 功能也与 CP 无关。

3）计数功能。当 $S_9 = S_{9A} \cdot S_{9B} = 0$，$R_0 = R_{0A} = R_{0B} = 0$ 时，根据不同的连接方法，74LS290 可实现二进制、五进制和十进制计数。

将计数脉冲由 CP_0 输入，由 Q_0 输出，构成二进制计数，如图 5-29a 所示；将计数脉冲由 CP_1 输入，由 Q_3、Q_2、Q_1 输出，构成五进制计数，如图 5-29b 所示；将 Q_0 与 CP_1 相连，计数脉冲 CP 由 CP_0 输入，构成 8421BCD 码十进制计数，如图 5-29c 所示；把 CP_0 和 Q_3 相连，计数脉冲由 CP_1 输入，构成 5421BCD 码十进制计数，如图 5-29d 所示。

因此，74LS290 又可称为二 - 五 - 十进制计数器。

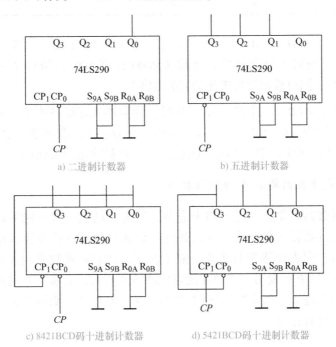

a) 二进制计数器　　　　　　b) 五进制计数器

c) 8421BCD码十进制计数器　　d) 5421BCD码十进制计数器

图 5-29　用 74LS290 构成不同进制计数器

74LS160 是集成十进制同步计数器，它是一个具有异步清零、同步置数、可以保持状态不变的十进制上升沿计数器。其引脚图如图 5-30 所示。

$D_0 \sim D_3$ 为并行数据输入端，$Q_0 \sim Q_3$ 为数据输出端，EP、ET 为计数控制端，CO 为进位输出端，CP 为时钟输入端，$\overline{R_D}$ 为异步清除输入端，$\overline{LD}$ 为同步并行置数控制端。其功能表见表 5-18。

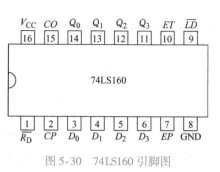

图 5-30　74LS160 引脚图

由表 5-12 可知，74LS160 具有以下功能：

1）异步清零。当 $\overline{R_D} = 0$ 时，计数器输出为全零状态，因清零不需要与时钟脉冲 CP 同步，所以可实现异步清零。

2）同步并行置数。当 $\overline{R_D} = 1$、$\overline{LD} = 0$ 时，在 CP 脉冲上升沿作用下，计数器输出 $D_3 D_2 D_1 D_0$，实现同步置数功能。

表 5-18　74LS160 的功能表

输入									输出			
$\overline{R_D}$	$\overline{LD}$	EP	ET	CP	D_0	D_1	D_2	D_3	Q_0	Q_1	Q_2	Q_3
0	×	×	×	×	×	×	×	×	0	0	0	0
1	0	×	×	↑	d_0	d_1	d_2	d_3	d_0	d_1	d_2	d_3
1	1	1	1	↑	×	×	×	×	计数			
1	1	0	×	×	×	×	×	×	保持			
1	1	×	0	×	×	×	×	×	保持			

3）计数。当 $\overline{R_D} = \overline{LD} = 1$ 且 $ET = EP = 1$ 时，计数器开始计数，每来一个脉冲计数器加 1，实现 4 位同步可预置十进制计数，计数从 0000 计到 1001，当再来一个脉冲时，又从 0000 重新开始计数，同时溢出进位输出端 CO 输出 1。

4）保持。当 $\overline{R_D} = \overline{LD} = 1$ 且 $ET \cdot EP = 0$ 时，计数器状态保持不变，此时进位输出信号 $CO = ET \cdot Q_3 Q_0$。当 $ET = 0$，$EP = 1$ 时，$CO = ET \cdot Q_3 Q_0 = 0$，表示进位输出信号为低电平；当 $ET = 1$，$EP = 0$ 时，$CO = ET \cdot Q_3 Q_0 = Q_3 Q_0$，表示进位输出信号保持。

3. 用常用集成计数器构成 N 进制计数器

目前常用的计数器主要有二进制和十进制，当需要任意一种进制的计数器时，可以用现有的计数器改接而成。可以通过对集成计数器的清零输入端和置数输入端进行设置，构成 N 进制计数器。需要注意，清零和置数有同步和异步之分，同步方式是当 CP 触发沿到来时才能完成清零和置数，异步方式是通过时钟触发异步输入端实现清零和置数，与 CP 信号无关。具体的计数器可以通过状态表鉴别其清零和置数方式。

集成计数器
构成 N 进制
计数器

（1）异步清零法（也称反馈复位法）

74LS160 构成的六进制计数器如图 5-31 所示，由同步十进制计数器 74LS160 和一片四 2 输入与非门 74LS00 构成。六进制计数器要求电路在 "6" 时进位，即输出为 6 时给输入端置 0。计数器从 $Q_3 Q_2 Q_1 Q_0 = 0000$ 状态开始计数，计到 0101 时，当第 6 个计数脉冲上升沿到来，计数器出现 0110 状态，与非门立刻输出 0，通过与非门电路将输出端状态反馈到异步清零端 $\overline{R_D}$，使计数器复位至 0000 状态，使 0110 为瞬间状态，不能成为有效状态，从而完成一个六进制计数循环。

（2）同步置数法（也称反馈预置法）

74LS161 构成的七进制计数器如图 5-32 所示，计数器从 $Q_3Q_2Q_1Q_0 = 0000$ 状态开始计数，计数到第 6 个脉冲时，$Q_3Q_2Q_1Q_0 = 0110$，此时与非门输出为 0，计数器出现 0111 状态，与非门立刻输出 0，与非门电路将输出端状态反馈到同步并行置数控制端 $\overline{LD}$，使 $\overline{LD} = 0$，为 74LS161 同步预置做好准备。当第 7 个计数脉冲上升沿作用时，完成同步预置，使 $Q_3Q_2Q_1Q_0 = 0000$ 完成了 0~6 的计数。

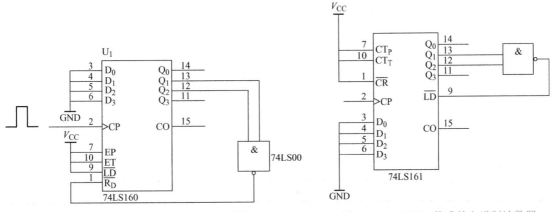

图 5-31 74LS160 构成的六进制计数器   图 5-32 74LS161 构成的七进制计数器

计数到第 $N-1$ 个脉冲时，通过与非门电路将输出端状态反馈到同步并行置数控制端 $\overline{LD}$，为同步预置做好准备，当第 N 个脉冲上升沿作用时，完成同步预置，通过反馈使计数器返回到预置的初态，实现 N 进制计数，这种方法使输出端不会出现瞬间的过渡状态。

任务实施

1. 设备与器件

电工电子实验台、74LS160、74LS00、74LS48、数码管、示波器。

2. 任务实施过程

（1）十进制同步计数器 74LS160 功能测试

将 74LS160 控制端和数据输入端接电平开关，输出端接电平显示灯，CP 接手动单脉冲插孔，按表 5-19 测试 74LS160 功能，表 5-19 中共列出 5 项测试内容，请读者列出每项测试的测试功能及输出端电平信号。

表 5-19　74LS160 功能测试记录表

项次	输入									输出					功能
	$\overline{R_D}$	$\overline{LD}$	EP	ET	$CP\uparrow$	D_3	D_2	D_1	D_0	Q_3	Q_2	Q_1	Q_0	CO	
1	0	×	×	×	×	×	×	×	×						
2	1	0	×	×	1	0	0	0	1						
					2	0	0	1	0						
					3	0	1	0	1						
					4	1	1	1	1						
3	1	1	1	1		×	×	×	×						
					1										
					2										
					3										
					4										
					5										
					6										
					7										
					8										
					9										
					10										
4	1	1	0	×	↑	×	×	×	×						
5	1	1	×	0	↑	×	×	×	×						

（2）十进制同步计数器 74LS160 时序图测试

将 74LS160 设置在计数状态，CP 接实验台上的 1kHz 脉冲，用双踪示波器观察并记录 CP、Q_3、Q_2、Q_1、Q_0、CO 的波形。注意触发沿的对应关系，要求观察记录 12 个以上 CP 脉冲。

（3）流水线计数器电路设计

根据要求利用 74LS160 设计一个八进制计数器，利用同步置数法。首先确定计数器的初始状态为 $Q_3 Q_2 Q_1 Q_0 = 0000$，当计数到第 7 个脉冲时，$Q_3 Q_2 Q_1 Q_0 = 0111$，令 $\overline{LD} = \overline{Q_2 Q_1 Q_0}$，画出电路图如图 5-33 所示。

74LS160 的 CP 输入端对工件计数脉冲进行计数，计数结果送到数码管驱动器 74LS48 驱动数码管，使之显示脉冲的个数。与非门采用 74LS10。

（4）流水线计数器电路测试

按电路图连接电路，检查电路，确认无误后，再接电源。记录输入脉冲数和数码管显示的数字，验证电路的逻辑功能。

3. 任务考核

记录测试结果，写出实训报告，并思考下列问题：

1）对于计数器 74LS60，当 $\overline{R_D} = 0$ 时，$Q_3 Q_2 Q_1 Q_0 = $ _____，计数器 _____ （是/否）能实现计数功能。$\overline{LD} = 0$ 时，$Q_3 Q_2 Q_1 Q_0 = $ _____，计数器 _____ （是/否）能实

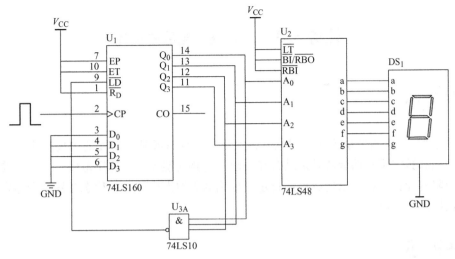

图5-33 流水线计数器电路

现计数功能。

2) 74LS60 中，Q_0 的一个周期包含了_____个 *CLK* 脉冲，其频率和 *CLK* 频率的关系是_____；Q_3 的一个周期包含了_____个 *CLK* 脉冲，其频率和 *CLK* 频率的关系是_____。

3) 用 74LS160 实现任意进制计数器有_____和_____两种方法。

4) 试用同步归零法实现计数电路。

拓展训练：循环彩灯设计

利用集成移位寄存器 74LS194 组成 4 位循环彩灯电路，电路如图 5-34 所示。输入端 $D_3D_2D_1D_0 = 0111$，输出端 Q_3 接右移输入端 D_{SR}，清零端 $R_D = 1$，*CP* 端接时钟脉冲。当开关 S 打到上档位时，$S_1S_0 = 11$，74LS194 实现并行置数功能，将输出端置数为 0111；当 S 打到下档位时，$S_1S_0 = 01$，74LS194 实现右移功能，从而实现右移循环彩灯电路的设计。

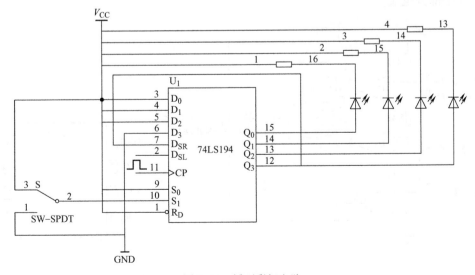

图5-34 循环彩灯电路

任务 5.3 闪光灯电路的设计

任务导入

555 定时器是一种能够产生定时信号，完成各种定时或延时功能的中规模集成电路。它将模拟功能和数字逻辑功能巧妙地结合在一起，电路功能灵活，适用范围广泛，只要在外部配上几个阻容元件，就可以构成性能稳定而准确的方波发生器、单稳态触发器和施密特触发器、多谐振荡器等电路。

任务描述

利用 555 电路设计一个闪光灯电路，在理解 555 电路的结构和工作原理基础上，熟练应用 555 电路组成施密特触发器、单稳态触发器和多谐振荡器。

知识链接

5.3.1 555 定时器简介

555 定时器
工作原理
及其应用

1. 555 定时器的电路组成

如图 5-35a 所示是 555 定时器的内部电路图，引脚图如图 5-35b 所示。555 定时器主要由以下 4 个部分组成。

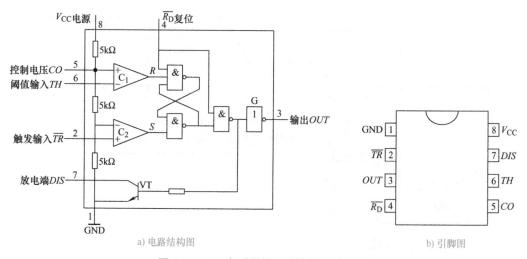

a) 电路结构图   b) 引脚图

图 5-35　555 定时器的电路结构及引脚图

（1）基本 RS 触发器

基本 RS 触发器由两个与非门组成，$\overline{R_D}$ 是进行外部置 0 的复位端，当 $\overline{R_D}=0$ 时，使输出 $OUT=0$。定时器正常工作时，$\overline{R_D}=1$。

（2）比较器

C_1 和 C_2 是两个电压比较器。比较器有两个输入端，当 $U_+>U_-$ 时，输出高电平；当 $U_+<U_-$ 时，输出低电平。

（3）分压器

三个阻值为 5kΩ 的电阻串联起来构成的分压器（555 也因此得名），为比较器 C_1 和 C_2 提供基准电压，C_1 的基准电压为 $U_+=\frac{2}{3}V_{CC}$，C_2 的基准电压为 $U_-=\frac{1}{3}V_{CC}$。如果在电压控制端 CO 另加控制电压，则可改变 C_1、C_2 的基准电压。工作中不使用 CO 端时，一般都通过一个 0.01μF 的电容接地，以旁路高频干扰。

（4）放电晶体管和输出缓冲级

晶体管 VT 集电极开路，外接电容提供充放电回路，被称为泄放晶体管。反相器 G 起到整形和提升负载能力的作用。

2.555 定时器的工作原理

当复位端 $\overline{R_D}=0$ 时，无论其他输入端的状态如何，$OUT=0$，VT 饱和导通。

当 $\overline{R_D}=1$，$U_{TH}>\frac{2}{3}V_{CC}$，$U_{\overline{TR}}>\frac{1}{3}V_{CC}$ 时，比较器 C_1 输出低电平，C_2 输出高电平，基本 RS 触发器被置 0，放电晶体管 VT 导通，$OUT=0$。

当 $\overline{R_D}=1$，$U_{TH}<\frac{2}{3}V_{CC}$，$U_{\overline{TR}}<\frac{1}{3}V_{CC}$ 时，比较器 C_1 输出高电平，C_2 输出低电平，基本 RS 触发器被置 1，放电晶体管 VT 截止，$OUT=1$。

当 $\overline{R_D}=1$，$U_{TH}<\frac{2}{3}V_{CC}$，$U_{\overline{TR}}>\frac{1}{3}V_{CC}$ 时，比较器 C_1 输出高电平，C_2 也输出高电平，即基本 RS 触发器 $R=1$，$S=1$，触发器状态不变，电路也保持原状态不变。

由上述分析可得 555 定时器的功能表，见表 5-20。

表 5-20 555 定时器的功能表

$\overline{R_D}$	阈值输入 TH	触发输入 $\overline{TR}$	输出端 OUT	放电管 VT
0	×	×	0	导通
1	$>\frac{2}{3}V_{CC}$	$>\frac{1}{3}V_{CC}$	0	导通
1	$<\frac{2}{3}V_{CC}$	$<\frac{1}{3}V_{CC}$	1	截止
1	$<\frac{2}{3}V_{CC}$	$>\frac{1}{3}V_{CC}$	保持	保持
1	$>\frac{2}{3}V_{CC}$	$<\frac{1}{3}V_{CC}$	不允许	不允许

5.3.2 555定时器的应用

1. 555定时器实现施密特触发器

(1) 电路组成

施密特触发器具有两个稳定状态，这两个稳态的维持和转换完全取决于输入信号的电位。将555定时器的6引脚 TH 端和2引脚 $\overline{TR}$ 连接起来，作为触发信号输入端，便组成了施密特触发器，如图5-36a所示。

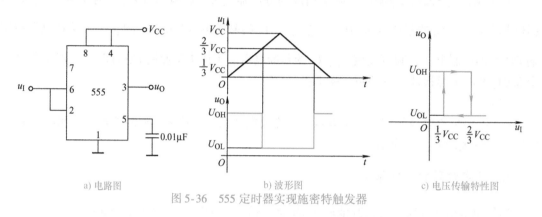

a) 电路图　　　　　b) 波形图　　　　　c) 电压传输特性图

图5-36　555定时器实现施密特触发器

(2) 工作原理

图5-36b所示是当输入端电压 u_I 是三角波时，施密特触发器的输出波形。

1) 输入电压 u_I 从0开始逐渐增加，当 $0 < u_I < \frac{1}{3}V_{CC}$ 时，由于 $u_{TH} < \frac{1}{3}V_{CC}$，$u_{\overline{TR}} < \frac{1}{3}V_{CC}$，输出端电压 $u_O = U_{OH}$。

2) u_I 继续增加，当 $\frac{1}{3}V_{CC} \leqslant u_I < \frac{2}{3}V_{CC}$ 时，由于 $u_{TH} < \frac{2}{3}V_{CC}$，$u_{\overline{TR}} > \frac{2}{3}V_{CC}$，输出端电压保持不变，$u_O = U_{OH}$。

3) u_I 再增加，当 $u_I \geqslant \frac{2}{3}V_{CC}$ 时，由于 $u_{TH} > \frac{2}{3}V_{CC}$，$u_{\overline{TR}} > \frac{2}{3}V_{CC}$，输出端电压 $u_O = U_{OL}$。

4) 同理，u_I 下降，当 $\frac{1}{3}V_{CC} \leqslant u_I < \frac{2}{3}V_{CC}$ 时，输出端电压保持不变，$u_O = U_{OL}$。

5) 当 $u_I < \frac{1}{3}V_{CC}$ 时，电路再次翻转，输出端电压 $u_O = U_{OH}$。

图5-36c所示为电压传输特性图。由上述分析可知，施密特触发器输入电压上升和下降过程中两次翻转对应的输入电压不同，上限阈值电压为 $\frac{2}{3}V_{CC}$，下限阈值电压为 $\frac{1}{3}V_{CC}$。其回差电压为

$$\Delta U_T = U_{T+} - U_{T-} = \frac{1}{3}V_{CC} \tag{5-7}$$

在 CO 端加入控制电压 U_{CO}，通过调节其大小，可以达到调节上限触发电平、下限触发电平和回差电压的目的。

2. 555 定时器构成单稳态触发器

(1) 电路组成

将 555 定时器的 2 引脚 $\overline{TR}$ 端作为信号输入端 u_I，下降沿有效，将 6 引脚 TH 和 7 引脚 DIS 相连后与定时元件 R、C 相连，3 引脚为信号输出端 u_O，便构成了单稳态触发器。电路如图 5-37a 所示。

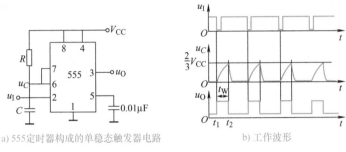

a) 555定时器构成的单稳态触发器电路　　　　b) 工作波形

图 5-37　555 定时器构成的单稳态触发器电路及工作波形

(2) 工作原理

1) 稳定状态。当输入没有触发信号时，即 u_I 是高电平，电路工作在稳态。接通电源后，如果 u_O 为低电平，放电管 VT 导通，电容 C 通过 VT 放电，使 $u_C = 0$。此时，u_{TH} 为低电平，输入端 $u_{\overline{TR}}$ 为高电平，u_O 为低电平。如果接通电源后 u_O 为高电平，放电管 VT 截止，电源 V_{CC} 通过电阻 R、电容 C 充电，当 u_C 上升到 $\frac{2}{3}V_{CC}$ 时，此时 u_{TH} 和输入端 $u_{\overline{TR}}$ 均为高电平，u_O 为低电平。同时放电管 VT 导通，电容 C 放电，使 $u_C \approx 0$，故 u_O 为低电平。

2) 输入触发信号进入暂稳态。当输入端施加下降沿触发信号时，$u_I < \frac{1}{3}V_{CC}$，由于稳态时 $u_C \approx 0$，此时 u_{TH} 和输入端 $u_{\overline{TR}}$ 均为低电平，输出状态翻转，u_O 为高电平。同时，放电管 VT 截止，电源 V_{CC} 通过电阻 R、电容 C 充电，充电时间常数 $\tau = RC$，电路进入暂稳态。

3) 自动返回稳态。随着电容 C 的充电，u_C 增大，输入端电压 u_I 回到高电平。当 u_C 上升到 $\frac{2}{3}V_{CC}$ 时，输出状态再次翻转，u_O 为低电平。同时，放电管 VT 导通，电容 C 通过放电管 VT 迅速放电，使 $u_C \approx 0$，u_O 保持低电平不变，电路返回稳定状态。

其工作波形如图 5-37b 所示。

输出的脉冲宽度 t_W 为暂稳态维持的时间，也就是电容 C 的充电时间。

$$t_W = t_2 - t_1 = RC\ln \frac{V_{CC} - 0}{V_{CC} - \frac{2}{3}V_{CC}} = RC\ln 3 \approx 1.1RC \tag{5-8}$$

3. 555 定时器构成多谐振荡器

（1）电路组成

555 定时器构成的多谐振荡器如图 5-38a 所示，R_1、R_2 和 C 是外接定时元件，决定输出矩形脉冲的振荡频率和振荡周期，555 定时器的 6 引脚 TH、2 引脚 $\overline{TR}$ 连接起来接电容 C，5 引脚 CO 经过电容 C 接地，电源 V_{CC} 通过电阻 R_1、R_2 与电容 C 连接，7 引脚 DIS 接到 R_1、R_2 连接点。

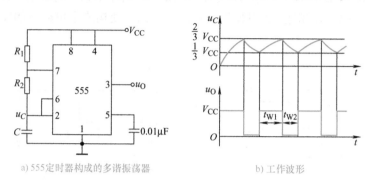

a) 555定时器构成的多谐振荡器   b) 工作波形

图 5-38　555 定时器构成的多谐振荡器及工作波形

（2）工作原理

接通电源前电容 C 上无电荷，所以接通电源瞬间，C 来不及充电，故 $u_C = 0$，u_O 为高电平。放电管 VT 截止。电源 V_{CC} 通过电阻 R_1 和 R_2 向电容 C 充电，u_C 缓慢上升，当 u_C 上升到 $\frac{2}{3}V_{CC}$ 时，输出状态翻转，u_O 为低电平。此时放电管 VT 导通，电容 C 通过 R_2 放电。随着电容 C 放电，u_C 不断下降。当 u_C 下降到 $\frac{1}{3}V_{CC}$ 时，输出状态翻转，u_O 为高电平。放电管 VT 截止，电容 C 又开始充电，进入下一个循环。输出端产生一个一定频率的矩形脉冲，电路的工作波形如图 5-38b 所示。

t_{W1} 为电容电压 u_C 由 $\frac{1}{3}V_{CC}$ 充电到 $\frac{2}{3}V_{CC}$ 的时间，即

$$t_{W1} = (R_1 + R_2)C\ln 2 \approx 0.7(R_1 + R_2)C \tag{5-9}$$

t_{W2} 为电容电压 u_C 由 $\frac{2}{3}V_{CC}$ 放电到 $\frac{1}{3}V_{CC}$ 的时间，即

$$t_{W2} = R_2 C\ln 2 \approx 0.7R_2 C \tag{5-10}$$

输出信号的振荡周期为

$$T = t_{W1} + t_{W2} \approx 0.7(R_1 + 2R_2)C \tag{5-11}$$

振荡频率为

$$f = \frac{1}{T} \approx \frac{1.43}{(R_1 + 2R_2)C} \tag{5-12}$$

脉冲宽度与脉冲周期之比，称为占空比，即

$$q = \frac{T_1}{T} = \frac{0.7(R_1 + R_2)C}{0.7(R_1 + 2R_2)C} = \frac{R_1 + R_2}{R_1 + 2R_2} \tag{5-13}$$

任务实施

1. 设备与器件

数字电子技术实训台、万用表、555 芯片、电容、电阻、二极管、LED、继电器等。电路所需元器件（材）见表5-21。

表 5-21　元器件明细

序号	名称	元器件标号	规格型号	数量
1	555 芯片	U	NE555	1
2	电位器	RP	$10\text{k}\Omega$	1
3	二极管	VD	1N4001	1
4	电容	C_1	$CC-63\text{V}-0.01\mu\text{F}$	1
5	电解电容	C_2	$CD-25\text{V}-10\mu\text{F}$	1
6	继电器	K	$SRD-05\text{VDC}-SL-C5VV$	1
7	发光二极管	VL_1、VL_2	3mm	2
8	电阻	R_1、R_2	$10\text{k}\Omega$、8W	2
9	电阻	R_3	$1\text{k}\Omega$、8W	1
10	印制电路板	—	配套	1

2. 任务实施过程

（1）555 芯片的识别

根据前面所学知识，将 555 芯片引脚的名称和功能填入表5-22。

表 5-22　555 芯片引脚

引脚	名称	功能
1		
2		
3		
4		
5		
6		
7		
8		

（2）电路的装配

1）根据如图 5-39 所示电路原理图设计好元器件的布局。

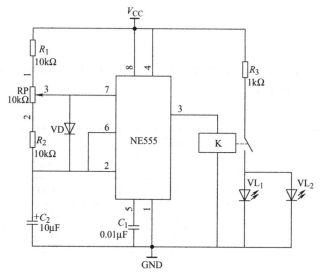

图 5-39　闪光灯电路原理图

2）在印制电路板安装元器件。二极管、发光二极管、电容器正确成形。注意，元器件成形时，尺寸必须符合电路通用板插孔间距要求。按要求进行装接，不要装错，元器件排列整齐并符合工艺要求，尤其应注意二极管、电解电容的极性和继电器引脚不要装错。

3）装配完成后进行自检。装配完成后，应重点检查装配的准确性，焊点应无虚焊、假焊、漏焊、搭焊等。

（3）电路的调试与检测

1）目视检验。装配完成后进行不通电自检。应对照电路原理图或接线图，逐个元器件、逐条导线地认真检查电路的连线是否正确，元器件的极性是否接反，焊点应无虚焊、假焊、漏焊、搭焊等，布线是否符合要求等。

2）通电检测。检查无误后闭合电源开关，仔细观察实验现象。调节电位器 RP 的阻值，观测 LED 灯状态。

3. 任务考核

1）电路中 C_1 的作用是_____，C_2 的作用是_____，VD 的作用是_____。

2）LED 的闪烁频率由电路中_____和_____的参数决定，振荡周期为_____，频率为_____。

项目制作　　数字时钟电路的设计与制作

1. 设备与器件

主要包括直流电源、万用表、示波器等。数字时钟电路所需元器件（材）见表 5-23。

表 5-23 数字时钟电路元器件明细

序号	名称	元器件标号	规格型号	数量
1	单刀双掷开关	S_1、S_2		2
2	共阴极数码管	$DS_1 \sim DS_6$		6
3	译码器	$U_{11} \sim U_{16}$	74LS48	6
4	十进制计数器	$U_1 \sim U_6$	74LS160	6
5	与非门	U_{21A}、U_{21B}、U_{22B}	74LS13	2
6	非门	U_{23A}、U_{23B}	74LS04	1
7	与门	U_{24}	74LS08	1
8	555 芯片	U_7	NE555	1
9	电阻	R_1	15kΩ	1
		R_2	68kΩ	1
10	电容	C_1	10μF	1
		C_2	0.01μF	1
11	印制电路板	—	配套	1

2. 电路分析

数字时钟电路主要由时钟源、计数器、译码显示电路和功能控制电路组成。

（1）时钟源

利用 555 芯片构成多谐振荡器，电路图如图 5-38a 所示。通过参数设置实现 1Hz 的时钟脉冲信号，建议电阻 $R_1 = 15$kΩ，$R_2 = 68$kΩ，电容 $C = 10$μF，产生的脉冲信号周期约为 1s。也可以采用石英晶体振荡器构成时钟源，计时精确度更高。

（2）计数器

如图 5-40 所示，利用 6 片集成十进制同步计数器 74LS160、1 片双 4 输入与非门 74LS13 和 1 片 6 输入非门 74LS04，设计 2 个六十进制和 1 个二十四进制计数器，实现秒、分、时的个位和十位计数，然后送到显示电路，以便实现数字显示。U_5、U_6 和 U_{22B} 构成的秒计数器的清零信号通过非门 U_{23B} 取反后送至 U_3 的 EP 和 ET 端作为分计数器的进位信号；U_3、U_4 和 U_{22A} 构成的分计数器的清零信号通过非门 U_{23A} 取反后送至 U_1 的 EP 和 ET 端作为时计数器的进位信号。计数电路采用同步脉冲，避免后级计数器的时间延迟，提高电路效率。

（3）译码显示电路

采用 74LS48 驱动 6 位共阴极数码管实现计数结果显示。

（4）功能控制电路

采用双掷开关及与门电路实现功能控制电路，如图 5-41 所示。S_1 实现清零功能，当 S_1 接低电平时，各计数器的清零端得到低电平，计数器清零；当 S_1 接高电平时，计数器从 0

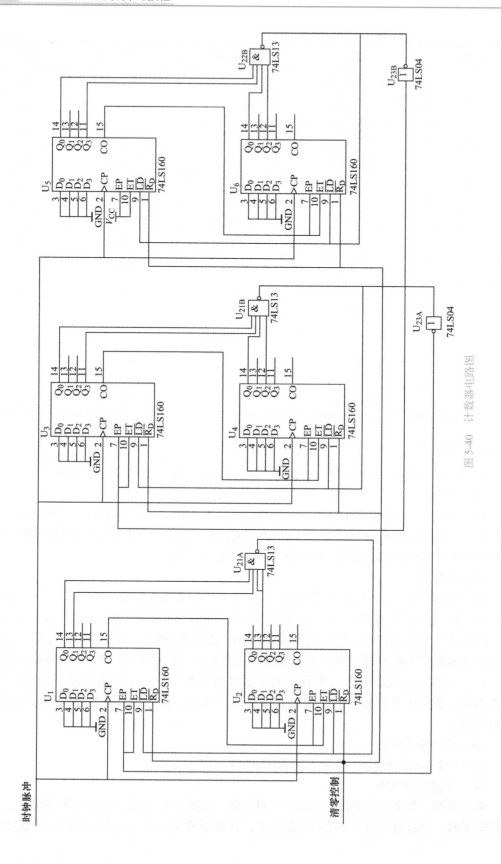

图 5-40 计数器电路图

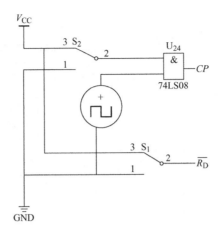

图 5-41　功能控制电路

开始计数。S_2 实现计数暂停功能，开关 S_2 和脉冲输出端经过与门 74LS08 接各计数器的脉冲输入端 CP。当 S_2 接低电平时，与门输出低电平，停止计数；当 S_2 接高电平时，与门输出脉冲信号，继续计数。

（5）电路总图

电路总图如图 5-42 所示。

3. 任务实施过程

（1）元器件的识别与检测

在简单了解本项目相关知识点的前提下，查集成电路手册，熟悉 NE555、74LS160、74LS48、74LS08、74LS13 等芯片和数码管的功能，确定其引脚排列，了解各引脚的功能。

（2）数字时钟电路的装配

1）根据原理图设计好元器件的布局。

2）在印制电路板安装元器件。注意，元器件成形时，尺寸必须符合电路通用板插孔间距要求。按要求进行装接，不要装错，元器件排列整齐并符合工艺要求，尤其应注意集成电路和数码管引脚不要装错。

3）装配完成后进行自检。装配完成后，应重点检查装配的准确性，焊点应无虚焊、假焊、漏焊、搭焊等。

（3）数字时钟电路的调试与检测

1）目视检验。装配完成后进行不通电自检。应对照电路原理图或接线图，逐个元器件、逐条导线地认真检查电路的连线是否正确，元器件的极性是否接反，焊点应无虚焊、假焊、漏焊、搭焊等，布线是否符合要求等。

2）通电检测。首先利用示波器观察和测量 555 定时器构成多谐振荡器的输出波形周期，确定其输出周期为 1s。

将开关 S_1 接低电平、S_2 接高电平，数码管显示时分秒；将开关 S_1 接高电平，数码管归零；将 S_2 接低电平，数码管停止计时。如果数码管没有显示或显示的数码不正确，则说明电路有故障，应予以排除。

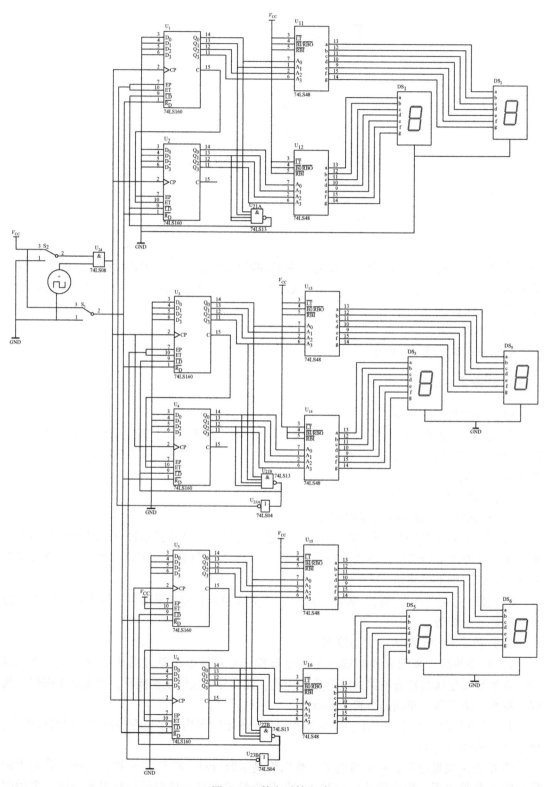

图 5-42　数字时钟电路

项 目 小 结

1. 在数字电路中，凡是任一时刻的稳定输出不仅取决于该时刻的输入，而且还与电路原来的状态有关者，都叫作时序逻辑电路，简称时序电路。时序逻辑电路由组合逻辑电路和存储电路两部分组成。触发器是数字逻辑电路中的基本单元电路，是构成时序逻辑电路的基本单元。

2. 时序逻辑电路的典型单元电路有寄存器和计数器。寄存器是一种重要的单元电路，其功能是用来存放数据、指令等。寄存器按照逻辑功能的不同，可分为数码寄存器和移位寄存器两大类。计数器是用来记忆输入脉冲个数的逻辑器件，按各触发器翻转情况的不同，可分为同步计数器和异步计数器，按计数器中数字编码方式，可分为二进制计数器、二 – 十进制计数器等。可以采用清零法和置数法实现任意进制计数器。

3. 555 定时器是一种能够产生定时信号、能够完成各种定时或延时功能的中规模集成电路。利用 555 定时器可以构成单稳态触发器、施密特触发器、多谐振荡器等。

思 考 与 练 习

5.1　填空题

1. 触发器具有_____个稳定状态，在输入信号消失后，它能保持_____。

2. 或非门构成的基本 RS 触发器，原状态为 1，当 R = _____，S = _____时，其输出为 0。

3. 同步 RS 触发器状态的改变是与_____信号同步的。

4. 在 CP 脉冲和输入信号作用下，主从 JK 触发器能够具有____、____、____和____的逻辑功能。

5. D 触发器，原状态为 0，当输入 D = 1 时，时钟脉冲上升沿到来时，其状态为_____；时钟脉冲上升沿到来后，D 由 1 变为 0，其状态为_____。

6. 时序逻辑电路由_____电路和_____电路两部分组成。

7. 寄存器按照逻辑功能的不同，可分为_____寄存器和_____寄存器两大类。

8. 计数器按各触发器翻转情况的不同，分_____计数器和_____计数器。按数制的不同，分_____、_____和任意进制计数器。

9. 集成 555 定时器内部主要由_____、_____、_____、_____和_____五部分组成。

10. 555 定时器的最基本应用有_____、_____和_____三种。

5.2　判断题

1. 触发器有两个稳定状态，在外界输入信号的作用下，可以从一个稳定状态转变为另一个稳定状态。(　　)

2. 同步 RS 触发器只有在 CP 信号到来后，才依据 R、S 信号改变输出状态。(　　)

3. 主从 JK 触发器能避免出现输出状态不定。(　　)

4. 同一逻辑功能的触发器，其电路结构一定相同。（ ）

5. 同步 D 触发器的 Q 端和 D 端的状态在任何时刻都是相同的。（ ）

6. 寄存器具有存储数码和信号的功能。（ ）

7. 构成计数电路的器件必须有记忆能力。（ ）

8. 移位寄存器只能串行输出。（ ）

9. 移位寄存器就是数码寄存器，它们没有区别。（ ）

10. 移位寄存器有接收、暂存、清除和数码移位等作用。（ ）

5.3 选择题

1. 对于触发器和组合逻辑电路，以下（ ）的说法是正确的。

A. 两者都有记忆能力　　　　　　　　B. 两者都无记忆能力

C. 只有组合逻辑电路有记忆能力　　　D. 只有触发器有记忆能力

2. 对于 JK 触发器，输入 $J=0$、$K=1$，CP 脉冲作用后，触发器的 Q^{n+1}（ ）。

A. 为 0　　　　　　　　　　　　　　B. 为 1

C. 可能是 0，也可能是 1　　　　　　D. 与 Q^n 有关

3. JK 触发器在 CP 脉冲作用下，若使 $Q^{n+1}=\overline{Q^n}$，则输入信号应为（ ）。

A. $J=K=1$　　　B. $J=Q$，$K=\overline{Q}$　　　C. $J=\overline{Q}$，$K=Q$　　　D. $J=K=0$

4. 具有置 0、置 1、保持、翻转功能的触发器叫（ ）。

A. JK 触发器　　　B. 基本 RS 触发器　　　C. 同步 D 触发器　　　D. 同步 RS 触发器

5. 仅具有保持、翻转功能的触发器叫（ ）。

A. JK 触发器　　　B. RS 触发器　　　C. D 触发器　　　D. T 触发器

6. 下列电路不属于时序逻辑电路的是（ ）。

A. 数码寄存器　　　B. 编码器　　　C. 触发器　　　D. 可逆计数器

7. 下列逻辑电路不具有记忆功能的是（ ）。

A. 译码器　　　B. RS 触发器　　　C. 寄存器　　　D. 计数器

8. 时序逻辑电路特点中，下列叙述正确的是（ ）。

A. 电路任一时刻的输出只与当时输入信号有关

B. 电路任一时刻的输出只与电路原来状态有关

C. 电路任一时刻的输出与输入信号和电路原来状态均有关

D. 电路任一时刻的输出与输入信号和电路原来状态均无关

9. 具有记忆功能的逻辑电路是（ ）。

A. 加法器　　　B. 显示器　　　C. 译码器　　　D. 计数器

10. 数码寄存器采用的输入输出方式为（ ）。

A. 并行输入、并行输出

B. 串行输入、串行输出

C. 并行输入、串行输出

D. 并行输出、串行输入

5.4 基本 RS 触发器输入信号如图 5-43 所示，试画出 Q 端输出波形，设初始状态为 0。

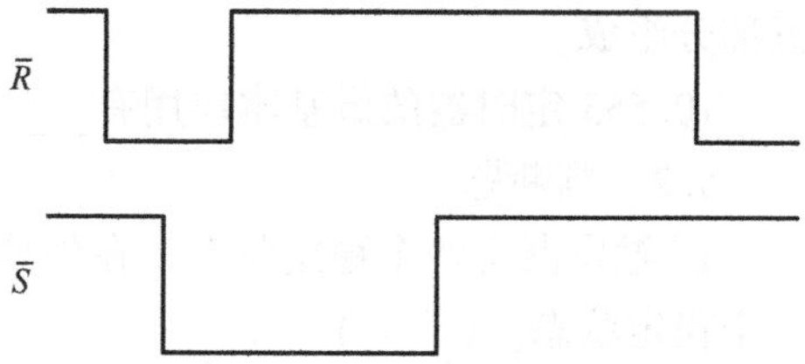

图 5-43 题 5.4 图

5.5 同步 RS 触发器输入信号如图 5-44 所示,试画出 Q 端输出波形,设初始状态为 0。

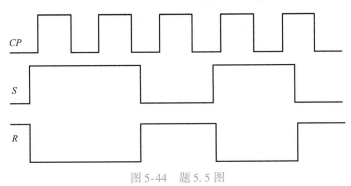

图 5-44 题 5.5 图

5.6 已知主从 JK 触发器 J、K 的波形如图 5-45 所示,试画出 Q 端输出波形(设初始状态为 0)。

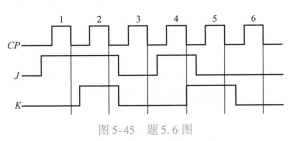

图 5-45 题 5.6 图

5.7 已知同步 D 触发器的输入信号波形如图 5-46 所示,试画出 Q 端输出波形(设初始状态为 0)。

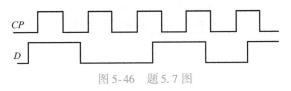

图 5-46 题 5.7 图

5.8 如图 5-47 所示,移位寄存器的初始状态为 1111,串行输入数码为 0101,画出连续 4 个 CP 脉冲作用下 $Q_3Q_2Q_1Q_0$ 各端的波形。

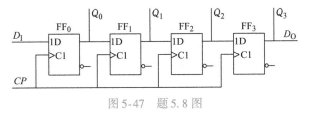

图 5-47 题 5.8 图

5.9 试用两片 74LS160 组成二十进制计数器电路。

5.10 555 定时器电路主要由哪几部分组成?各引脚的功能是什么?

5.11 图 5-48 所示电路是一个防盗报警装置,a、b 两端用一细铜丝接通,当盗窃者闯入室内将铜丝碰掉后,扬声器即发出报警声,试说明电路的工作原理。

5.12 试分析图 5-49 所示电路为何种电路,并对应输入波形画出输出 u_o 波形。

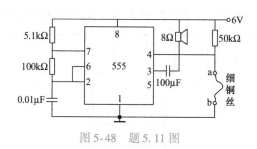

图 5-48　题 5.11 图

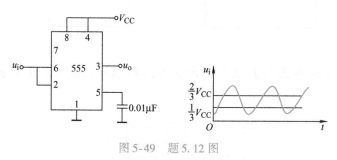

图 5-49　题 5.12 图

5.13　由 555 定时器构成的多谐振荡器如图 5-50 所示，设 $V_{CC} = 5V$，$R_1 = 10k\Omega$，$R_2 = 2k\Omega$，$C = 0.01\mu F$，计算输出矩形波的频率及占空比。

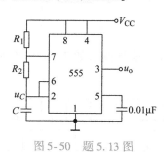

图 5-50　题 5.13 图

附录　半导体分立器件型号命名方法

第一部分		第二部分		第三部分				第四部分	第五部分
用阿拉伯数字表示器件的电极数目		用汉语拼音字母表示器件的材料和极性		用汉语拼音字母表示器件的类别				用阿拉伯数字表示器件的登记顺序号	用汉语拼音字母表示规格号
符号	意义	符号	意义	符号	意义	符号	意义		
2	二极管	A B C D E	N 型,锗材料 P 型,锗材料 N 型,硅材料 P 型,硅材料 化合物或合金材料	P H V W C Z L	小信号管 混频管 检波管 电压调整管和 电压基准管 变容管 整流管 整流堆	D A T Y B J	低频大功率晶体管 ($f_\alpha<3\mathrm{MHz},P_C\geqslant 1\mathrm{W}$) 高频大功率晶体管 ($f_\alpha\geqslant 3\mathrm{MHz},P_C\geqslant 1\mathrm{W}$) 闸流管 体效应管 雪崩管 阶跃恢复管	—	—
3	三极管	A B C D E	PNP 型,锗材料 NPN 型,锗材料 PNP 型,硅材料 NPN 型,硅材料 化合物或合金材料	S K N F X G	隧道管 开关管 噪声管 限幅管 低频小功率晶体管 ($f_\alpha<3\mathrm{MHz},P_C<1\mathrm{W}$) 高频小功率晶体管 ($f_\alpha\geqslant 3\mathrm{MHz},P_C<1\mathrm{W}$)				

参 考 文 献

[1] 童诗白，华成英. 模拟电子技术基础 [M]. 5 版. 北京：高等教育出版社，2015.

[2] 陈梓城. 模拟电子技术基础 [M]. 3 版. 北京：高等教育出版社，2013.

[3] 胡宴如，耿苏燕. 模拟电子技术基础 [M]. 2 版. 北京：高等教育出版社，2010.

[4] 余孟尝. 数字电子技术基础简明教程 [M]. 4 版. 北京：高等教育出版社，2018.